高等学校小学教育专业教材

普通逻辑概要

主编 俞 瑾

南京大学出版社

图书在版编目（CIP）数据

普通逻辑概要／俞瑾主编．—南京：南京大学出版社，1999.9（2023.1 重印）
ISBN 978-7-305-03440-4

Ⅰ．普… Ⅱ．俞… Ⅲ．形式逻辑－概论 Ⅳ．B812

中国版本图书馆 CIP 数据核字（1999）第 48898 号

丛 书 名	高等学校小学教育专业教材
书 名	普通逻辑概要
主 编	俞 瑾
责任编辑	丁 益
装帧设计	赵 庆
责任校对	汪 明
出版发行	南京大学出版社

（南京汉口路 22 号南京大学校内 邮编 210093）

印 刷 江苏扬中印刷有限公司
经 销 全国各地新华书店
开 本 850×1168 1/32 印张 9.25 字数 240 千
2000 年 3 月第 1 版 2023 年 1 月第 14 次印刷
定 价 25.00 元
ISBN 978-7-305-03440-4

声明：(1) 版权所有，侵权必究。
（2）本版书若有印装质量问题，可与经销书店调换。
发行部订购、联系电话：3592317、3596923、3593695

高等学校小学教育专业教材
编写委员会名单

主 任 委 员：周德藩
副主任委员：朱小蔓　邱坤荣　杨九俊　朱嘉耀　王伦元
　　　　　　　李吉林　鞠　勤　刘明远
委　　　员（以姓氏笔画为序）：
　　　　　　　丁　帆　丁柏铨　马景仑　王铁军　许　结
　　　　　　　师书恩　朱永新　华国栋　汪介之　陈书录
　　　　　　　陈敬朴　吴仁林　吴顺唐　何永康　李庆明
　　　　　　　李复兴　李敏敏　单　墫　金成梁　周明儒
　　　　　　　周建忠　郁炳隆　林德宏　赵炳生　俞　瑾
　　　　　　　姚文放　姚烺强　胡治华　郭亨杰　殷剑兴
　　　　　　　唐忠明　唐厚元　葛　军　辜伟节　彭坤明
　　　　　　　詹佑邦　缪建东　缪铨生　谭锡林　樊和平

前　言

　　培养具有较高学历的小学教师是江苏社会主义现代化建设和基础教育事业发展的迫切需要，也是我国师范教育改革发展的必然趋势。1984 年，江苏省南通师范学校在全国率先进行培养专科程度小学教师的五年制师范教育试验；1998 年，通过联合办学形式，组建南京师范大学晓庄学院，在全国率先进行培养本科程度小学教师的试验，使江苏省较早启动了以高学历、高素质为基本特征的"跨世纪园丁工程"。10 多年来，试验院校为基础教育输送了一大批新型小学教师，提升了小学教师的学历结构，提高了小学教育教学质量，受到了教育行政部门和用人单位的普遍欢迎。但自试验以来，江苏省及至全国还没有一套专为培养本、专科程度小学教师而编写的小学教育专业教材，这不能不说是一种缺憾。

　　1997 年 6 月，江苏省教委根据原国家教委师范教育司《大学专科程度小学教师培养课程方案（试行）》的基本精神，组织制订并印发了《江苏省五年制师范课程与学习手册》，对培养专科程度小学教师的目标、规格、课程体系作了明确规定，对各专业所开设课程的目标、内容和要求作了具体说明。1999 年 6 月，又对《江苏省五年制师范课程与学习手册》中小学教育专业课程方案进行了修订，正式颁布了《江苏省五年制师范小学教育专业课程方案（试行）》（以下简称《方案》），标志着江苏省培养专科程度小学教师的五年制师范教学内容和课程体系的确立。"九五"期间，原国家教委师范司组织成立了"面向21世纪本、专科学历小学教师专业建设"课题组，江苏省教委和南京师范大学承担了其中一系列的子课题研究任务，编写教材纳入了课题组的预期研究成果，这为教材建设提供了理论和实践上的准备。为了着力解决培养本专科程度小学教师学校教材紧缺的燃眉之急，进一步规范和完善教学管理，切实保证教学质量，江苏省教委组织编写了这套高等学校小学教育专业教材。

这套教材以全面贯彻党的教育方针，全面提高教育质量为宗旨，以教育要"面向现代化、面向世界、面向未来"为指针，以《方案》为依据，体现素质教育思想和改革创新精神，体现大学文化程度和为小学教育服务的内在要求，遵循小学教师成长的规律和学科教学特点，加强通识教育，注重文理渗透，强化职业能力培养，合理安排教材结构，科学构建教材体系。在教材编写过程中，充分汲取了省内外试验院校的教学经验，并注意借鉴国际师范教育教学改革的先进成果，在确保科学性的前提下，进一步突出教材内容的时代性、针对性和系统性，坚持师范性和学术性统一，基础性和发展性并重，使教材体系更加符合培养面向21世纪本、专科学历小学教师的需要。

全套教材按照"整体规划、分步实施、逐步到位"的教材建设目标进行编写。第一批主要编写《方案》中规定的学科专业必修课、教育专业必修课和部分选修课的教材，共计38本。

学科专业课教材有：《文学理论》、《中国古代文学》、《中国现当代文学》、《外国文学》、《汉语》、《写作》、《普通逻辑概要》、《儿童文学》、《人文社会科学基础》、《高等代数》、《数学分析》、《空间解析几何》、《概率与统计》、《算术基本理论与数论初步》、《微机辅助教学软件设计》、《普通物理》、《现代科技概论》等17本。

教育专业课教材有：《教育基本原理》、《教育技术教程》、《教育技艺原理与训练》、《教育科研方法》、《儿童心理学》、《班队管理》、《小学语文教材概说》、《小学数学教材概说》、《小学语文教学概论》、《小学数学教学概论》等10本。

选修课（必选）教材有：《大学语文》、《高等数学》、《中国文化概说》、《教育思想史》、《素质教育论》、《教育现代化》、《家庭社区教育》、《教育伦理学》、《现代教育思潮》、《小学教育个案研究》、《小学教育比较研究》等11本。

本套教材由国内学养深厚的知名专家学者担任主编，一大批具有丰富教学经验和较高学术水平的学科带头人集体参与编写，确保了教材质量。

本套教材适用于培养大学本、专科学历小学教师的全日制学校，也可以作为在职小学教师本、专科学历进修、继续教育和自学考试的指定教学用书。

培养本、专科学历小学教师是一项面向未来的探索，小学教育专业建设尤其是教材建设尚处在起步阶段。由于缺乏经验，加上编写时间仓促，难免存在一些不足之处，各地在具体使用过程中有什么问题或建议，请及时与江苏省教委师范教育处联系，以便修订完善。

高等学校小学教育专业

教材编写委员会

目 录

第一章 绪论 …………………………………………………… (1)
  第一节 普通逻辑的对象与性质 ………………………… (1)
  第二节 逻辑学的兴起与发展 …………………………… (8)
  第三节 学习普通逻辑的意义与方法 …………………… (12)

第二章 概念 …………………………………………………… (17)
  第一节 概念概述 ………………………………………… (17)
  第二节 概念的种类 ……………………………………… (22)
  第三节 概念间的关系 …………………………………… (26)
  第四节 概念的限制与概括 ……………………………… (32)
  第五节 定义 ……………………………………………… (36)
  第六节 划分 ……………………………………………… (41)

第三章 性质判断 ……………………………………………… (46)
  第一节 判断概述 ………………………………………… (46)
  第二节 性质判断的特征和种类 ………………………… (50)
  第三节 性质判断主谓项的周延性 ……………………… (55)
  第四节 性质判断的真假 ………………………………… (57)
  第五节 性质判断的运用与表达 ………………………… (60)

第四章 性质判断的推理 ……………………………………… (65)
  第一节 推理概述 ………………………………………… (65)
  第二节 直接推理 ………………………………………… (72)

第三节　三段论……………………………………（84）
第五章　复合判断……………………………………（104）
　　第一节　联言判断…………………………………（104）
　　第二节　选言判断…………………………………（107）
　　第三节　假言判断…………………………………（113）
　　第四节　负判断……………………………………（124）

第六章　复合判断的推理……………………………（137）
　　第一节　联言推理…………………………………（137）
　　第二节　选言推理…………………………………（140）
　　第三节　假言推理…………………………………（147）
　　第四节　假言连锁推理……………………………（159）
　　第五节　二难推理…………………………………（165）

第七章　关系与模态…………………………………（178）
　　第一节　关系判断…………………………………（178）
　　第二节　关系推理…………………………………（181）
　　第三节　模态判断…………………………………（188）
　　第四节　模态推理…………………………………（191）

第八章　逻辑思维的基本规律………………………（202）
　　第一节　逻辑思维基本规律概述…………………（202）
　　第二节　同一律……………………………………（203）
　　第三节　矛盾律……………………………………（207）
　　第四节　排中律……………………………………（211）

第九章　归纳推理……………………………………（217）
　　第一节　归纳推理概述……………………………（217）
　　第二节　完全归纳推理……………………………（220）
　　第三节　不完全归纳推理…………………………（222）
　　第四节　探求因果联系的逻辑方法………………（227）

第十章　类比推理与假说……………………………（239）

  第一节　类比推理……………………………………（239）
  第二节　假说………………………………………（245）
第十一章　论证………………………………………（259）
  第一节　论证概述…………………………………（259）
  第二节　证明的方式与方法………………………（263）
  第三节　反驳的途径、方式与方法………………（269）
  第四节　论证的规则………………………………（274）
后　记…………………………………………………（283）

第一章 绪 论

第一节 普通逻辑的对象与性质

一、思维与思维科学

逻辑是一门科学,它研究的对象不是自然界,也不是人类社会,而是人类的思维。因此,逻辑学既不属于自然科学,也不属于社会科学,它是一门思维科学。

什么是思维?思维是人的理性认识活动。

人的认识过程可以分为感性认识与理性认识两个阶段。人们在社会实践中,运用自己的感官(眼、耳、鼻、舌、身)去接触客观世界的各种事物,在头脑中产生感觉、知觉与印象,从而形成了对事物的初步认识,这就是感性认识阶段。经过多次反复实践,人们获得的感性认识材料逐渐丰富起来,人们的大脑又把这些丰富的感性材料加以提炼、概括、分析、综合,通过去粗取精、去伪存真、由此及彼、由表及里的改造制作工夫,产生了概念、判断和推理,人们的认识就完成了一次质的飞跃,由感性认识上升为理性认识。思维就是人们在大脑中形成概念、作出判断、进行推理的理性认识活动。

思维对客观世界的反映有两个特点,就是概括性和间接性。感性认识材料是具体的、零散的和片面的，只能反映个别的事物和个别的现象，理性认识则能够将感性认识材料进行提炼、加工，从大量的个别事物和个别现象中概括出一般的东西，从无数的联系与关系中概括出规律性的联系，这就是思维的概括性。感性认识材料是由感官直接感知得来的，因而反映的是事物的表面现象和外部联系，理性认识则能够深入到事物的内部，揭露单凭感官不能直接感知到的事物内在的和本质的属性，揭示事物的内部联系，还能够根据已有的知识推出新的知识，因此，思维又具有间接性。

思维是人类特有的一种能力。人们运用思维去认识客观世界——自然界和人类社会，并且，在思维的指导下，从事改造自然、改造社会的实践活动，这样反复实践，反复总结，于是就有了自然科学和社会科学。而思维本身，作为一种客观存在的精神现象，作为自然和社会以外的另一类对象，同样吸引着人们去对它进行认识和研究，探求其中的奥秘，于是，就产生了独立于自然科学和社会科学以外的另一个学科大类——思维科学。随着科学技术和科学理论的发展，思维科学越来越受到人们的重视，许多国家已专门成立了思维科学院。思维科学涉及的面较广，包括脑科学、心理学、神经生理学、人工智能等多门具体学科，逻辑学也是其中的一门。

思维与语言有着不可分割的联系。语言是思维的工具，思维是借助语言来实现，并通过语言来表达的。正常人即使在沉思默想时，也要运用语言，叫做"内部语言"。语言与思维互为表里，互相依存。思维永远躲藏在语言的背后，让人们感知到的总是语言。因此，研究思维必须借助语言，逻辑学就是通过对语言材料的分析来研究思维的。

二、思维形式的结构

思维有内容与形式两个方面。思维是思维内容与思维形式的统一体,思维内容总是通过一定的思维形式表现出来,思维形式也总是表现一定的思维内容。但二者又有相对的独立性,可以分别进行研究。普通逻辑不是研究思维的具体内容,而是撇开思维内容,研究思维的形式。

概念、判断、推理是思维的三种形式。概念是思维的最小单位,判断由概念组成,推理又由判断组成。普通逻辑研究概念、判断、推理,着重于研究这些思维形式的结构。

什么是思维形式的结构?思维形式的结构又叫做思维的逻辑形式,它是从思维内容各不相同的各种具体的判断和推理中抽象出来的最一般的形式,它反映了思维形式的组成要素之间一定的联系方式。

例如,下面有三个判断:
① 所有生物体都是由细胞构成的。
② 所有化合物都是能分解的。
③ 所有金属都是导电的。

这三个判断内容各不相同,撇开其不同的思维内容,我们可以看到它们有着共同的结构框架:

所有_____都是_____

"所有"与"都是"是这三个判断共有的组成部分,两条横线标出的空位上可以根据需要填入不同的具体概念,这是三个判断结构中不同的部分,我们分别用大写英文字母 S 和 P 表示,这样,就得到三个判断共同的结构式,也就是它们的逻辑形式:

所有 S 都是 P

普通逻辑把具有这种逻辑形式的判断叫作"全称肯定判断",它是简单性质判断的一种。"所有 S 都是 P"这个逻辑形式,就是从内容各不相同的许多具体的全称肯定判断中抽象出来的最一般的形式。

再如,下面又有三个判断:

① 如果这两个角是对顶角,那么这两个角相等。
② 如果我将两手互相摩擦,那么我的手会发热。
③ 如果这个商品价廉物美,那么它销路一定好。

这三个判断与前面三个判断形式结构显然不同,它们是三个复合判断,它们也有共同的逻辑形式:

如果 p,那么 q

这里的小写英文字母 p 与 q 分别表示构成复合判断的两个支判断,具有这种逻辑形式的复合判断叫做充分条件假言判断。"如果 p,那么 q"这个逻辑形式,是从内容各不相同的许多具体的充分条件假言判断中抽象出来的最一般的形式。

各种推理也有其形式结构。

例如:

① 所有生物体都是由细胞构成的,
所有人体都是生物体,
___
所以,所有人体都是由细胞构成的。

② 所有化合物都是能分解的,
所有的水都是化合物,
___
所以,所有的水都是能分解的。

③ 所有金属都是导电体,
所有的银都是金属,
___
所以,所有的银都是导电体。

以上三个推理内容各不相同,但它们有着共同的逻辑形式:

所有 M 都是 P
所有 S 都是 M
___
所以,所有 S 都是 P

再如，下面又有三个推理：

① 如果这两个角是对顶角，那么这两个角相等；
这两个角是对顶角，
_____
所以，这两个角相等。

② 如果我将两手互相摩擦，那么我的手会发热；
我将两手互相摩擦，
_____
所以，我的手发热。

③ 如果这个商品价廉物美，那么它销路一定好；
这个商品价廉物美，
_____
所以，这个商品销路一定好。

这三个推理与前面三个推理形式结构显然不一样，它们是三个充分条件假言推理，它们也有共同的逻辑形式：

如果 p，那么 q
p
_____
所以，q

思维的逻辑形式是由逻辑常项与变项两部分组成的。逻辑常项是逻辑形式中有确定含义并保持不变的部分，变项则是逻辑形式中没有确定含义、可以用不同的具体概念或判断来替换的部分。例如，在全称肯定判断的逻辑形式"所有 S 都是 P"中，"所有"与"都是"的含义是确定的，并且，不论判断的具体内容如何变化，"所有"与"都是"这两个结构成分是始终保持不变的，因此，它们是全称肯定判断的逻辑常项；"S"与"P"则可以用不同的具体概念来替换，它们是随着判断内容的变化而变化的，因此，"S"与"P"是变项。同理，在充分条件假言判断的逻辑形式"如果 p，那么 q"中，"如果，那么"是有确定含义并保持不变的部分，这是逻辑常项；而"p"与"q"则是可以用不同的具体判断来替换的部分，是变项。在一个逻辑形式中，起决定作用的是逻辑常项，不同的逻辑常项，是区分不同类型的逻辑形式的依据。

普通逻辑研究思维形式的结构，是为了寻求有效的推理形式，指导人们正确地运用不同形式的判断，进行不同形式的推理。

三、思维的规律与方法

普通逻辑除了研究思维形式的结构，还研究思维的规律和方法。

普通逻辑研究的思维规律，包括逻辑思维的基本规律和各种思维形式的特殊规则。逻辑思维的基本规律有三条，就是同一律、矛盾律和排中律。这三条思维规律，是任何人在运用概念、作出判断、进行推理论证时都必须遵守的总规则，所以称为逻辑思维的基本规律。遵守这三条基本规律，是正确思维的必要条件；违反了其中任何一条，就会造成思维的混乱，就不能正确地认识事物和表达思想。此外，各种思维形式还有其各自的特殊规则，如三段论、假言推理、选言推理等演绎推理，都各有其应遵守的特殊规则。思维的规律和规则，对于人们的思维具有指导作用和规范作用，所不同的是，逻辑思维的基本规律适用于一切思维形式和思维过程，而某种思维形式的特殊规则只适用于该种思维形式。

普通逻辑研究的思维方法，主要是指定义与划分、限制与概括等明确概念的方法以及探求因果联系的方法，这些都是人们在思维活动中经常运用的比较简单的逻辑方法，也是人们为了正确认识客观事物所必须掌握的一些基本的逻辑方法。

综上所述，普通逻辑是一门思维科学，它研究的对象是思维形式的结构以及思维的规律和方法。

四、普通逻辑的性质

普通逻辑是一门工具性质的科学，它为人们认识事物、表达和论证思想提供必要的逻辑工具。

普通逻辑所阐述的思维的形式、规律和方法，是客观事物最基本的性质与最普遍的关系在人们头脑中的反映。人类在长期的实践中，把握了客观事物的确实性以及客观事物之间一般与个别的关系、类与类的包含关系、因果关系，经过千百万次的重复，客观事物的这些最基本、最普遍的性质和关系，逐渐在人们的意识中巩固下来，由此形成了思维形式的各种固定结构以及思维的规律和方法，因此，这些形式结构、规律和方法，是最具普遍意义的认识的工具、表达和论证的工具，是指导人们正确地运用概念作出判断、有效地进行推理论证的标尺和准绳。

普通逻辑所阐述的思维的形式、规律与方法，普遍地适用于全人类，它是没有阶级性也没有民族性的。不同的思维内容可以有相同的思维形式，普通逻辑只研究思维的形式，并不研究思维的内容，因而它没有阶级性；不同的语言可以表达相同的概念、判断与推理，因此，不同民族的人，其思维的形式结构是相同的，普通逻辑所阐述的思维形式、规律与方法，就像一部"普遍语法"，它是没有民族性的。总之，普通逻辑所提供的工具，毫无例外地适用于各阶级、各民族的每一个人。任何人在思维中都要运用这些逻辑形式与逻辑方法，都要遵守逻辑规律与规则，惟其如此，不同阶级、不同民族之间才有可能进行思想的交流。

第二节 逻辑学的兴起与发展

一、逻辑学的兴起

逻辑学是一门源远流长的古老的科学,从它诞生至今,已经有了两千多年的历史,其发祥地是三大文明古国——中国、印度和希腊。

两千多年前的中国,正处于春秋战国时期。这是我国从奴隶社会向封建社会转变的时期,经济的迅速发展,社会的剧烈变革,促进了科学文化的繁荣发达,代表不同阶级与阶层利益的各种学派,如儒家、墨家、法家、名家、道家、阴阳家等等应运而生,各自著书立说,发表各种观点、主张,学术思想空前活跃,论辩之风非常盛行,形成了诸子百家互相争鸣的局面。为了在论辩中克敌制胜,一些学者开始研究名实关系,探讨论辩的方法与技巧,由此产生了一门学问,称为"名学"或"辩学",统称"名辩之学"。名辩之学就是中国古代的逻辑学,其逻辑研究是与语言研究密切结合的。研究名辩之学较有成就的学者是墨翟(约公元前480~前420)和他的传人(后期墨家),以及公孙龙(约公元前325~前250)、荀况(约公元前298~前238)、韩非(约公元前280~前233)。后期墨家著有《经上》、《经下》、《经说上》、《经说下》、《大取》、《小取》六篇,合称《墨经》,保存在《墨子》一书中,是这一时期最有代表性的名辩学论著。

古代印度的逻辑学,也是随着论辩之风的盛行而兴起的。印度是世界上经济文化发达最早的地区之一。2000多年前,印度处于奴隶社会的后期,各种社会矛盾不断激化,封建经济的出现又加深了奴隶社会的危机,各种社会思潮,此伏彼起,许多哲学派别、宗教派别纷纷涌现,不同派别、不同观点互相对立,展开了激烈的辩论，这就促使各派着力研究总结论辩的方术，产生了古代印度的逻辑学——因明。"因明"的"明"是指学问，"因"是指原因、根据、理由，因明是探求原因、理由的学问，也就是关于说理论辩的学问。因明的经典有足目（约公元2~3世纪）所著的《正理经》、陈那（约公元440~520）所著的《因明正理门论》和陈那的弟子商羯罗主（约公元6世纪）所著的《因明入正理论》等。我国唐代高僧玄奘（约公元600~664）到印度取经，将《因明正理门论》和《因明入正理论》作了翻译和注疏，因明由此传入我国。

古代希腊是欧洲文化的发祥地，也是西方逻辑学的发祥地。古希腊逻辑学的孕育和诞生时期，正值希腊奴隶主民主制度形成与繁盛时期。这个时期的希腊，经济高涨，文化昌荣，学术空气十分活跃，数学（尤其是几何学）的成就令人瞩目，标志着人类抽象思维已达到相当高的水平，哲学、历史学以及许多自然科学也相继建立，涌现出一大批知名的学者，如数学家毕达哥拉斯（约公元前580~前500），哲学家德谟克里特（约公元前460~前370）、苏格拉底（约公元前469~前399）、柏拉图（约公元前427~前347）等等。古希腊论辩的风气也很兴盛，哲学界派别众多，唯物主义学派与唯心主义学派争论十分激烈；还有一些雄辩家，当时称为"智者"，经常发表演说，还招收门徒，传授"雄辩术"，其中的后来沦为诡辩家。在这样的背景下，哲学家德谟克里特、苏格拉底、柏拉图等开始研究逻辑问题。之后，博学多才的大学者亚里士多德（公元前384~前322）总结了前人研究的成果，并从几何学中吸取营养，在此基础上，对概念、判断、推理（主要是三段论）、证明以及逻辑谬误作了较为系统的研究。与中国古代的名辩学家和古印度的因明大师不同的是，亚里士多德自觉地从思维形式结构的角度研究逻辑，从而建立了历史上第一个形式逻辑体系。亚里士多德的逻辑著作有《范畴篇》、《解释篇》、《前分析篇》、《后分析篇》、《论辩篇》和《辨谬篇》,后人将这几篇汇编成集,总名为《工具论》。《工具论》是古代最为完备的一部逻辑著作,两千年来,其影响经久不衰。由于亚里士多德为逻辑学的创立作出了决定性的贡献,他在西方被尊称为"逻辑学之父"。继亚里士多德之后,古希腊又有斯多噶派的克里西普斯(约公元前280～前207)等人研究了假言判断与假言推理、选言判断与选言推理,对亚里士多德逻辑作了重要的补充。我们现在讲授的普通逻辑,就是从古希腊逻辑继承发展而来的。

综上所述,逻辑学的兴起,是与中国、印度和希腊这三大文明古国经济政治的发展和文化科学的繁荣分不开的,也是与论辩之风的盛行分不开的。

二、逻辑学的发展

逻辑学的发展,同样与社会经济政治与科学文化的发展息息相关。

我国自秦汉以后,长期停留在封建专制主义的社会,统治者罢黜百家,独尊儒术,人们的思想受到禁锢,自由讨论之风不兴,学术争辩之焰不盛,理论思维得不到发展,因而,逻辑学不受重视,先秦名辩逻辑几成绝学。印度因明在近代也开始衰落。而亚里士多德创立的西方逻辑,则随着欧洲资本主义的兴起与科学文化的发展,得到了长足的进步,呈现出蓬勃的生机。

14世纪以后,欧洲进入文艺复兴时期,实验科学迅速兴起与发展,至17世纪,英国的弗兰西斯·培根(公元1561～1626)从实验科学中研究总结出科学归纳方法,奠定了归纳逻辑的基础,其逻辑专著名为《新工具》。19世纪英国的约翰·穆勒(公元1806～1873)继承与发展了培根的归纳学说,系统地阐述了探求因果联系的五种逻辑方法,充实了归纳逻辑的内容,其著作《逻辑体系》由我国近代学者严复翻译为《穆勒名学》。归纳逻辑的建立,是逻辑学发展的一个重要的里程碑。

16~18世纪的欧洲，生产技术进步很快，数学适应生产技术的需要，得到了高度发展与广泛运用，于是，德国的莱布尼茨（公元1646~1716）提出设想：用数学方法处理演绎逻辑，借助人工符号把推理变成逻辑演算。莱布尼茨这一光辉思想，使他成为数理逻辑的创始人。此后，英国的布尔（公元1815~1864）、德国的弗雷格（公元1848~1925）和英国的罗素（公元1872~1970）等诸多学者为数理逻辑的建立和完善作出了贡献。数理逻辑是完全形式化、符号化的逻辑，是现代形式逻辑。数理逻辑的建立，是逻辑学发展史上又一个重要的里程碑。

在科学技术突飞猛进的当代，逻辑科学更以前所未有的速度迅猛发展，形成了一个多层次、多分支的庞大的现代逻辑体系。例如，在数理逻辑方面，有命题逻辑、谓词逻辑、关系逻辑，还有模态逻辑、多值逻辑、模糊逻辑等分支；在归纳逻辑方面，有概率逻辑等分支；在应用逻辑方面，又有认识逻辑、问题逻辑、规范逻辑、时态逻辑、电路分析逻辑等分支；此外，还有介于逻辑学与语言学之间的边缘学科语言逻辑，以及研究辩证思维的辩证逻辑等等。

从亚里士多德逻辑到数理逻辑产生以前的逻辑，统称为传统逻辑；数理逻辑和归纳概率逻辑等，统称为现代逻辑。现代逻辑是在传统逻辑的基础上发展起来的。

逻辑科学的兴起与发展，深受社会经济、文化和其他科学发展的影响；反过来，逻辑科学对于社会经济、文化和其他科学的发展，也起着巨大的推动作用。当代最伟大的物理学家爱因斯坦（公元1879~1955）说过："西方科学的发展是以两个伟大的成就为基础，那就是：希腊哲学家发明形式逻辑体系（在欧几里得几何学中）以及通过系统的实验发现有可能找出因果关系（在文艺复兴时期)。"① 近几十年来，随着科学技术革命和现代社会的发展，逻辑的应用越来越广泛，渗透到了许多新兴的科学技术领域。例如，计算机科学和人工智能，就是以数理逻辑为理论基础的。因此，逻辑科学越来越受到人们的重视。联合国教科文组织编制的学科分类，将逻辑学列于七大基础学科的第二位，仅次于数学，英国大百科全书则把它列于五大学科的首位，数学居第二位。

第三节 学习普通逻辑的意义与方法

一、学习普通逻辑的意义

普通逻辑课程主要讲授传统形式逻辑，这是逻辑科学中适用范围最广的基础知识。本课程旨在为人们的日常思维提供最基本的逻辑工具，进行最基本的逻辑训练。学习普通逻辑的意义主要有以下几个方面。

第一，有助于发展逻辑思维，提高认识能力。

人们获得知识的根本途径是实践，但是，人们的知识绝不是仅仅局限在通过实践直接感知的对象范围之内，更多的知识要通过思维的抽象与概括，通过推理，间接地获得。逻辑学正是指导我们正确有效地进行思维，从而获得间接知识的工具。恩格斯说过："甚至形式逻辑也首先是探寻新结果的方法，由已知进到未知的方法。"② 科学史上许多重大发现，都是首先通过推理得出，然后才在实践中得到验证的。欧几里得几何学，就是从少数几条公理出发，通过逻辑的推导，得出了人们原来不知道的许多几何定理。发现元素周期律的化学家门捷列夫，运用逻辑推理，推知在

---

① 《爱因斯坦文集》，商务印书馆1983年版，第1卷第574页。
② 《马克思恩格斯选集》，人民出版社1972年版，第3卷第174页。

当时已发现的 63 种元素以外,还有 3 个尚未发现的元素,若干年后,他的预言得到了证实。天文学史上,海王星、冥王星以及天狼伴星的发现,也运用了逻辑推理。不仅是科学研究,其他各项工作,例如工程的设计、气象的预报、案件的侦查、疾病的诊断、产品的检验、市场的预测等等,也都要运用逻辑推理,都需要掌握逻辑这个思维的工具、认识的工具。

我们学习各门科学,也是运用逻辑思维获得间接知识的过程。每一门科学,不论是自然科学,还是社会科学,都要运用概念,作出判断,进行推理和论证。学习逻辑,掌握正确思维的工具,有助于我们提高逻辑思维的能力,学好各门科学知识。我们将来从事教学工作,同样要运用逻辑工具,去启迪学生的心智,帮助学生学好各门功课。

第二,有助于准确地表达思想,严密地论证思想。

逻辑不仅是认识的工具,也是表达和论证的工具。我们有时说"这篇文章逻辑性强",或者说"你这话不合逻辑",这说明我们说话、写文章也必须遵守逻辑规律与规则。人们说话、写文章就是运用语言表达思想、论证思想。语言表达能力的提高,有赖于逻辑思维的发展。思维合乎逻辑,说的话、写的文章才能准确、通顺,层次清楚,论证严密。有些人学了十来年语文还是不会写文章,尤其不会写议论文,除了思想认识方面的原因之外,还有一个重要原因,就是缺乏逻辑思维的训练,不懂得如何运用概念作出判断,进行推理,如何论证自己的观点、反驳对方的观点。学习逻辑,不仅是训练我们的思维,同时也是训练我们的语言,帮助我们自觉地按照正确思维的形式与规律去表达思想、论证思想。

作为未来的教师,准确地表达思想、严密地论证思想,更是必须具备的能力。因为教师的职责就是向学生传授知识,传播科学真理,没有一定的逻辑思维能力与语言表达能力是做不好这项工作的。因此,我们需要系统地学习普通逻辑知识,运用逻辑工具来训练我们的思维与语言，为将来的工作打好基础。

第三，有助于纠正逻辑错误，揭露诡辩手法。

在日常思维和语言中，常有人违反逻辑，概念混乱，自相矛盾，说话颠三倒四、没有条理，写文章文理不通、层次不清、论题不明、论据不足等等，这些都是逻辑错误。不学习逻辑知识，就难以识别这些错误，或者明知不对，却说不出其所以然，当然就更谈不上纠正这些错误了。逻辑这个工具，是检测思维与语言的准绳，它不仅告诉我们什么样的思维才是合乎逻辑的，而且还告诉我们什么样的思维是不合逻辑的，犯了何种逻辑错误，从而帮助我们识别和纠正思维和语言中的错误。例如，有个小学生学习成绩差，一位老师就认定这孩子脑子笨。这位老师是这样进行推理的："脑子笨的人学习成绩差，这孩子学习成绩差，可见，这孩子脑子笨。"其实，这是一个错误的推理，我们学习普通逻辑之后，就可以指出它的错误之所在了。

有的人为了替错误的言行辩护，往往作出似是而非的推论，即表面上看来是运用正确的推理，而实际上违反了逻辑规律。这就是诡辩。对于诡辩，也需要运用逻辑工具予以揭露，使之无处藏身。例如，19世纪英国有位大主教顽固地反对达尔文关于"人类起源于类人猿"的论断，认为这是亵渎神灵。在一次辩论会上，他向宣传达尔文学说的博物学家赫胥黎提出了一个带侮辱性的问题："请问你，究竟是你的祖父还是你的祖母同无尾猿发生了亲属关系？"这看似咄咄逼人的责问其实是玩弄了偷换概念的手法。达尔文论断中的"人类"，是把所有的人作为一个统一整体来反映的，这是一个集合概念，而大主教故意把它偷换成"赫胥黎的祖父"（或"赫胥黎的祖母"）这样的非集合概念，这是故意歪曲达尔文的原意，是一种诡辩手法。运用逻辑工具，就可以揭露和驳斥这位大主教的诡辩。

二、学习普通逻辑的方法

要学好普通逻辑,除了明确学习这门课程的重要意义,提高学习的自觉性和主动性以外,还要讲究学习方法。

第一,要善于进行科学的抽象。

普通逻辑着重于研究思维形式的结构,因此,我们在研究概念、判断、推理时,要撇开其具体内容,抽象出其形式结构来加以考察。当我们回答逻辑问题时,如果总是纠缠于思维的具体内容,不能抽象出思维的逻辑形式进行逻辑分析,结果就会答非所问,劳而无功。例如,下面是某次考试中的一道逻辑试题:

"如果他吸烟,那么身体决不会健康;他不吸烟,所以,他身体一定健康。"请问这个推理是否正确?为什么?有位考生作了如下回答:这个推理不正确。因为不吸烟的人身体不一定就健康;相反,有的人吸烟很多,身体却很健康。例如××同志,他虽然吸烟很多,身体却非常健康。

这位考生的回答,不是在讨论逻辑问题,而是在讨论吸烟是否影响身体健康的问题,这表明该考生虽然学完了逻辑,却尚未进入逻辑科学之门。其实,上面这个题目是要求分析该推理的形式结构,通过科学的抽象,应能得到以下推理形式,并能指出它的逻辑错误:

如果 p,那么 q

非 p

——————

所以,非 q

第二,重在理解,切忌死记硬背。

一门科学就是一个知识体系,体系内部有许多知识点,各个知识点之间有着内在的、有序的联系。学习科学知识,一定要力求理解,把握其中的内在联系。如果只会死记硬背,而不求理解,只知其然而不知其所以然，那是肯定学不好的。学习普通逻辑也是如此，要善于抓住课本中的每一个知识点，包括各种思维形式的名称、定义、公式、图表、规律与规则等等，弄清其中的道理，探索其中的内在联系，以求在理解的基础上掌握普通逻辑的基础知识和基本理论。

第三，贵在运用，注意理论联系实际。

逻辑是一门工具性质的学科，学习逻辑，目的在于运用，要注意培养运用逻辑工具分析与解决实际问题的能力。如果只是学了一些逻辑理论，而把它束之高阁，不懂得联系实际来运用，那么这种学习就失去了意义。怎样联系实际，学会运用呢？这要从两个方面去做。首先，要认真做好练习题。课本上的练习题，就是让我们运用学到的逻辑知识来分析具体的概念、判断、推理与论证的，通过练习，一方面可以巩固我们所学的理论知识，另一方面可以培养我们运用逻辑理论分析实际问题的能力。因此，做练习题一定要开动脑筋，独立思考，不能满足于得到现成的答案。其次，要留心搜集日常思维与语言中的实例，运用学到的理论进行分析，以收举一反三、触类旁通之效。日常思维与语言中有大量正确运用逻辑的实例，也有不少违反逻辑的例子，只要我们平时留心搜集，并随时运用学到的逻辑知识去剖析这些实例，定能迅速提高逻辑思维能力，更好地掌握这门科学。

第二章 概 念

第一节 概念概述

一、什么是概念

概念是反映思维对象及其特有属性的思维形式。

客观世界存在着各种各样的事物。在自然界，有日月山河、虫鱼鸟兽、春夏秋冬、风霜雨雪等；在人类社会，有商品货币、生产消费、国家民族、战争和平等。在人的精神领域，有感觉表象、思想意识、情感意志等。这些都是我们认识的客体，也是我们思维的对象。概念就是这些思维对象在我们头脑中的反映。

任何思维对象都有各自的性质，如形状、质地、颜色、动作，以及好坏、美丑、善恶等等。对象与对象之间还存在着一定的关系，如相等、相邻、竞争、互助等等。对象的性质及对象之间的关系统称为对象的属性。

对象的属性有的是特有属性，有的是非特有属性。所谓特有属性，就是只为该事物所具有，而其他事物所不具有的属性。人们就是通过对象的特有属性来区别和认识事物的。如两足直立行走、无毛、能思维、会说话、能制造和使用工具进行生产劳动等是人区别于其他高等动物的特有属性，而五官、四肢、有内脏和血液循环等则不仅为人所具有,也为其他高等动物所具有,我们称为非特有属性。概念是通过反映对象的特有属性来反映对象的。

在对象的特有属性中,有些是本质属性,有些是非本质属性。所谓本质属性,就是决定一对象之所以成为该对象并区别于其他对象的属性。本质属性是对对象具有决定意义的属性,而非本质属性则是对对象不具有决定意义的属性。本质属性一定是特有属性,而特有属性不一定是本质属性。我们再以人为例,"两足、无毛"就不是人的本质属性,"能制造和使用工具进行生产劳动"才是人的本质属性。

概念对对象特有属性的反映是有不同层次的。最初形成的概念是浅层次的,浅层次的概念总是先反映对象的非本质的特有属性,日常生活中使用的概念多属于这一类,称为初级概念。进一步形成的深层次概念才是反映对象的本质属性的,科学研究中所使用的概念多属于这一类,称为科学概念。

概念是思维的基本形式,概念与其他的思维形式——判断、推理是有密切联系的。一方面,概念是思维的起点,是人们进行判断、推理的基本要素,没有概念就无法形成判断与推理,也就无法进行思维活动;另一方面,概念又是判断、推理的结晶,人们通过判断、推理获得新的认识,又会形成新的较深刻的概念。因此,普通逻辑十分重视概念的研究,研究概念为进一步研究判断、推理奠定良好的基础。

二、概念和语词

概念作为思维的最基本单位,它的语言表达形式是语词。概念离不开语词。语词是概念的物质外壳,概念是语词的思想内容。概念的形成和存在必须依赖语词,概念的表达也必须靠语词来实现,脱离语词的赤裸裸的概念是不存在的。

概念和语词又有明显的区别。

第一，概念是一种思维形式，语词是一种语言形式。

概念是对客观事物的一种反映，是逻辑学研究的对象；语词是用来表达概念、标志事物的一组笔画或一组声音，只是一组符号，是语言学研究的内容。语词具有民族性，而概念没有民族性，它具有全人类性。

第二，所有的概念都要用语词来表达，但并非所有的语词都表达概念。

一般来说，汉语实词都表达概念，如"河"、"推"、"光荣"、"她"、"五"、"公斤"，等等；词与词构成的短语也表达概念，如"一条大河"、"用力推"、"光荣的岗位"、"她的母亲"、"五公斤"等等；虚词一般不表达概念，如"的"、"啊"、"呢"，等等。

第三，同一个概念可以用不同的语词来表达。

如在汉语中，"太阳"与"日"，"医生"与"大夫"，"西红柿"与"番茄"，等等。其中每一组语词都是同义词，表达的是同一个概念。

第四，同一个语词在不同的语境中也可以表达不同的概念。

例如："大家"这个词，在"大家的事大家办"中指"一定范围内所有的人"，在"大家闺秀"中指"世家望族"，在"书法大家"中指"著名的专家"。这种现象在语言里，就是一词多义，必须结合具体语境加以理解。

总之，概念和语词既有密切联系又有明显区别。了解这一点，对于我们在说话、写文章时做到概念明确、用词恰当、避免思维混乱是十分必要的。

三、概念的内涵与外延

任何概念都有两个基本逻辑特征，这就是内涵和外延。

概念的内涵是指反映在概念中的对象的特有属性，也就是概念的含义。例如，"平行四边形"这个概念的内涵是"对边平行且相等的四边形，其对角相等，对角线互相平分"；"学校"这个概念的内涵是"有计划、有组织进行系统教育的机构"。

客观对象的特有属性往往是多方面的，因此，人们可以从不同的方面去反映同一对象，从而形成不同的概念。例如水的特有属性有物理方面的，也有化学方面的。在物理方面，水是无色无臭无味、常温下比重为 1 的液体；在化学方面，水是氢与氧的化合物。物理学家与化学家从不同的角度去反映水这个对象不同方面的特有属性，这就形成了内涵不同的两个关于"水"的概念。

概念的外延是具有概念所反映的特有属性的对象，也就是概念的适用范围。例如，"平行四边形"这个概念的外延是所有具有"对边平行且相等的四边形，其对角相等，对角线互相平分"这些特有属性的对象，包括所有的矩形、菱形、正方形以及邻边不相等，四个角也不是直角的各种平行四边形；"学校"这个概念的外延是所有具有"有计划、有组织进行系统教育的机构"这个特有属性的对象，包括大学、中学、小学等各级各类学校。

客观对象由于属性的相同或相异而形成许多类。在逻辑学中，属于类的个体对象叫做类的"分子"，一个类中包含的小类叫"子类"。类可以由几个或许多分子组成，也可以只有一个分子。如"山"、"学校"、"作家"、"科学家"这些类都是由许多分子组成的，而"进化论的奠基人"这个类却只包含一个分子。一类中的分子反映在概念中，就是概念的外延。

概念的内涵和外延并不是一成不变的，而是在不断发展变化的。因为客观对象本身是发展变化的，反映客观对象的概念，其内涵和外延也就要相应地发生变化。例如，电子计算机由于它的主要器件从电子管、晶体管发展到集成电路、大规模集成电路，因此，反映这一对象的概念，当然也随之发生变化。如 1983 年商务印书馆版的《现代汉语词典》对"电子计算机"的内涵是这样揭示的："用电子管、晶体管等电子器件和元件构成的复杂机器"，而

1996年《现代汉语词典》的修订本在揭示这一概念内涵时就作了必要的补充。外延变化就更明显，从第一代到第四代，从286到586，随着电子计算机这类对象本身的发展变化，这一概念的外延也在发展变化。同时，人们对客观事物的认识也是不断深化的。例如，人们对"人"这类对象的认识就是不断深化的。在古代，由于认识水平很低，认为人是"没有羽毛的两足直立行走的动物"，经过长期的实践，人们对"人"的认识有了发展，特别是出现了马克思主义以后，人们才真正认识到"人是能制造和使用生产工具的动物"，从而形成一个关于"人"的深刻的概念。

另一方面，概念的内涵和外延还具有相对的确定性。这是因为客观对象的特有属性在一定条件下是确定的，同时，人们的认识在一定阶段上也有其相对的稳定性。正因为每一个概念在认识的一定阶段上有着确定的内涵与外延，人们才有可能运用概念来交流思想。

四、概念要明确

概念明确是正确思维的首要条件。在思维过程中，只有概念明确，才能作出恰当的判断，才能进行合乎逻辑的推理与论证。

所谓概念明确，就是指概念的内涵与外延要明确。概念的内涵反映对象的质，概念的外延反映对象的量。任何思维对象都是质与量的统一体，概念的内涵和外延是从质与量两个方面反映思维对象的。因此，我们在使用一个概念时，必须弄清它的内涵和外延，即弄清概念的含义及适用范围。例如"经济作物"这个概念，从内涵方面来说，它是供给工业原料的农作物；从外延方面来说，它包括棉花、烟草、花生、甘蔗等。弄清了这两方面，才算掌握了"经济作物"这一概念。

概念不明确，不仅会导致不正确的思维，同时，在表达思想时，也会造成词不达意，语句不通等错误。例如：

① 学生干部要支持学生的要求。
② 我对逻辑，可以说是涉世未深。

例①中的"学生要求"这一概念的外延太大了，它包括学生的各种要求，而学生干部只能支持学生的正当要求，不能支持不正当的要求。这句话由于使用的概念过宽，造成表达上的不准确。例②用了"涉世未深"这个概念，"涉世未深"是就社会经历的程度而言的，对于逻辑的学习或掌握的程度，用"涉世未深"来形容，显然是不恰当的。

以上两例都是由于概念不明确造成的逻辑错误。如果我们在使用概念时，注意弄清概念的内涵与外延，这类错误是可以避免的。

第二节 概念的种类

根据不同的标准可以对概念进行不同的分类。普通逻辑根据概念内涵和外延的一般特征，将概念进行分类。研究这些概念的种类，有助于我们搞清概念的内涵和外延，有助于我们准确地使用概念。

一、单独概念与普遍概念

根据概念外延的数量情况，可以将概念分为单独概念和普遍概念。

单独概念是反映某一单个对象的概念，或者说，它是反映只有一个分子的类的概念。例如："南京"、"中国"、"孙中山"、"世界上国土面积最大的国家"、"1919年5月4日"，等等。

表达单独概念的语词有以下几种：

一种是专有名词。例如，"毛泽东"、"黄河"、"二万五千里长征"、"《联合国宪章》"等，都是单独概念。

一种是摹状词。所谓摹状词，就是以某一个对象的某一方面特有属性来指称该对象的语词。包括带有数目序列或最高程度限制词的，或带有"这个"、"那个"等指示词的语词。例如："世界上最高的山峰"、"汉朝的第一个皇帝"、"那个《伤逝》的作者"等，都是表达单独概念的，因为它们表示的是在特定的时间与空间中的个别事物或个别事件，这也是独一无二的。

还有单称代词，"你"、"我"、"他"等，也是表达单独概念的。

普遍概念是反映含有两个或两个以上分子的一类对象的概念。普遍概念的外延，少则两个，多则可以无限。例如"《共产党宣言》的作者"这个概念的外延只有两个分子，而"城市"这个概念的外延则有许多分子。

语词中的普通名词、动词、形容词，一般来说，都是表达普遍概念的。例如："工人"、"国家"、"商品"、"劳动"、"跳跃"、"美丽"、"勇敢"等都是普遍概念。

普遍概念也可以用短语来表达。如"亚洲国家"、"中国的城市"、"逻辑规律"、"江苏省的师范学校"，等等。

普遍概念反映的是许多分子组成的类，作为类的属性，其分子必然具有。如"工人"是一个类，每个工人都具有这个类的特有属性。类与组成类的分子的关系是一般与个别的关系。

在分辨单独概念与普遍概念时，有一种情况必须注意。例如，中国的《半月谈》杂志，全世界只有一种，因而是单独概念；但它可以出许多期，每期印许多册，从这个角度看，它又是普遍概念。

二、集合概念与非集合概念

根据概念的外延所反映的对象是否为集合体，可以将概念分为集合概念和非集合概念。

集合概念是反映集合体的概念。例如："词汇"、"车辆"、"马匹"、"工人阶级"、"书籍",等等。

集合体是由若干同类个体组成的统一整体。其特点是,集合体与个体之间不是一般与个别的关系,而是整体与部分的关系。集合体中的个体不必具有该集合体的特有属性,个体的属性,集合体也不一定具有。因此,集合概念不能反映集合体中的个体。例如:"工人阶级"是个集合概念,它反映的是由一个个工人构成的集合体。这个集合体具有"大公无私、最有远见,最有组织性、纪律性和革命的彻底性"等属性,而作为这个集合体的一部分的某个工人,并不一定具有这些属性。因此,不能把某个工人称为"工人阶级"。

非集合概念是反映非集合体的概念。例如,"车"、"书"、"词"、"马"、"工人",等等。非集合体的个体与类之间是个别与一般的关系,即属于一个类的任何分子,都具有这类对象的特有属性,因而非集合概念可以反映个体。例如"书"这个概念,可以反映一本本书,"车"这个概念,可以反映一辆辆车。

在不同的语境中,同一语词有时可以表达集合概念,有时可以表达非集合概念。例如:

① 中国人是有骨气的。
② 鲁迅的作品不是一天能读完的。
③ 中国人是亚洲人。
④《祝福》是鲁迅的作品。

在例①与例②中,"中国人"与"鲁迅的作品"两个语词都表达集合概念,而在例③与例④中,"中国人"与"鲁迅的作品"都是表达非集合概念的。我们在使用语词表达概念时,应当特别注意区分这两种不同的情况,避免混淆集合概念与非集合概念。

说话写文章时,还要注意表达集合概念的语词不能用表示个体数量的数量词来限制。例如,"在这场灾难中,他们共损失3辆车辆,6匹马匹",这里就混淆了集合概念和非集合概念,车辆是车的集合体，马匹是马的集合体，因而"车辆"和"马匹"都是集合概念，它们都只能在集合意义下使用，而不能在个体意义下使用。这个语句应当改成"在这场灾难中，他们共损失3辆车，6匹马"。

三、正概念与负概念

根据概念所反映的是具有还是不具有某种属性的对象，可以将概念分为正概念和负概念。

正概念是反映具有某种属性的对象的概念。正概念也叫肯定概念。例如，"人"、"国家"、"正义战争"、"哺乳动物"、"赞成"、"批评"、"合法"、"先进"、"勇敢"、"健康"，等等。

负概念是反映不具有某种属性的对象的概念。负概念也叫否定概念。例如，"非正义战争"、"非师范生"、"非本单位人员"、"无脊椎动物"、"无轨电车"、"不赞成"、"不合理"、"不健康"，等等。

负概念总是相对于某个特定范围而言的，一个负概念所相对的范围，逻辑上叫做论域。例如，"非机动车"这个负概念，是相对于"车子"这个范围说的，是指机动车以外的一切车子，而不是指机动车以外的一切事物。"车子"是这个负概念的论域。再如，"非马克思主义思想"这个负概念，是相对于"思想"这个范围说的。"非马克思主义思想"表示一切不是马克思主义的思想，它的论域是"思想"。依此类推，"非正义战争"的论域是"战争"，"非金属"的论域是"化学元素"，"非本校工作人员"的论域是"人员"。

表达负概念的语词往往带有否定词"非"、"不"、"无"等，但并非凡带有"非"、"不"、"无"等字样的概念都是负概念。例如，"非洲"、"不丹"、"无锡"等是几个地方的名称，其中的"非"、"不"、"无"不表示否定意义，因而这几个专有名词表达的不是负概念。

对概念的上述三种分类，是根据三种不同的标准进行的，目的在于明确概念不同方面的逻辑特征，从而更准确地使用概念。任何一个概念，都可以根据三个不同标准进行三次归类。例如"学生"是普遍概念，又是非集合概念，也是正概念；"不正确"既是普遍概念，又是非集合概念，也是负概念；"喜马拉雅山脉"既是单独概念，又是集合概念，也是正概念。

第三节 概念间的关系

普通逻辑从外延方面来研究概念间的关系。概念外延间的关系有五种：全同关系、真包含关系、真包含于关系、交叉关系、全异关系。下面我们以大写字母 A、B 分别表示两个概念，以小写字母 a、b 分别表示 A、B 所反映的类中的分子，来说明概念外延间的五种关系。

一、全同关系

当且仅当凡 a 都是 b，并且凡 b 都是 a，则概念 A 与概念 B 为全同关系。换句话说，全同关系就是两个概念的外延全部重合的关系。全同关系又叫同一关系。例如：

等边三角形	等角三角形
江苏省的省会	位于钟山山麓的大城市
《伤逝》的作者	鲁迅

上述三对概念，每一对都是全同关系，它们的外延是完全重合的。拿"等边三角形"与"等角三角形"这两个概念来说，所有的等边三角形都是等角三角形，所有的等角三角形都是等边三角形，它们从不同的方面反映了同类对象，外延是完全重合的。

两个概念之间的全同关系可用下面的欧拉图（图 2-1）表示。

具有全同关系的两个概念,虽然其外延完全重合,但内涵并不完全相同。"等边三角形"侧重反映这种几何图形三个边相等的属性,而"等角三角形"侧重反映其三个角相等的属性。如果两个概念之间不仅外延相同,而且内涵也完全相同,那就不是具有全同关系的两个概念,而是用不同语词表达的同一个概念了。如"葵花"与"向阳花"、"土豆"与"马铃薯"等,就是外延与内涵完全相同的同一个概念。

图 2-1

全同关系的概念,可以在上下文中变换使用,以便从不同方面揭示出同一对象的多种属性,同时也可避免词语的简单重复,使语言富有变化,收到很好的修辞效果。例如,穆青等的《为了周总理的嘱托……》一文,先后称吴吉昌为"农民科学家吴吉昌"、"这个普普通通的农民"、"老汉"、"这个残疾的老汉"、"这个倔强的老汉"、"这个纯朴的老农"、"这位长期被迫孤身奋斗的科学尖兵",这几个概念在该文的语境中都具有全同关系,它们分别从身份、年龄、事业成就、精神品质、性格特点等不同方面反映了吴吉昌这个人物。

二、真包含关系

当且仅当凡 b 都是 a,并且有 a 不是 b,则概念 A 与概念 B 为真包含关系。换句话说,真包含关系是一个概念的部分外延与另一个概念的全部外延相重合的关系。例如:

  大城市   上海
  虚 词   助词
  动 物   脊椎动物

以上三对概念,每一对都是真包含关系。拿"虚词"与"助词"这两个概念来说,所有的助词都是虚词,但是有的虚词不是助词,这样,"虚词"对于"助词"的关系,就是真包含关系。

A、B 两个概念之间的真包含关系可用右边的欧拉图（图 2-2）表示。

三、真包含于关系

当且仅当凡 a 都是 b，并且有 b 不是 a，则概念 A 与概念 B 为真包含于关系。换句话说，真包含于关系就是一个概念的全部外延与另一个概念的部分外延相重合的关系。例如：

   大学生   学生
   工业产品   劳动产品
   等腰梯形   梯形

上述三对概念，每一对都是真包含于关系。拿"大学生"与"学生"这两个概念来说，凡大学生都是学生，但是有的学生不是大学生，这样，"大学生"对"学生"的关系，就是真包含于关系。

两个概念之间的真包含于关系，可用右边的欧拉图（图 2-3）表示。

传统逻辑将真包含关系与真包含于关系统称为属种关系。在需要将二者加以区别时，也可以分别称之为属种关系与种属关系。

属种关系的两个概念，外延较大的叫做属概念，外延较小的叫做种概念。例如"学生"与"大学生"这两个概念，"学生"的外延大于"大学生"的外延，"学生"就是"大学生"的属概念，"大学生"是"学生"的种概念。

属概念与种概念是相对而言的。例如"学生"相对于"大学生"而言，它是属概念；相对于"人"而言，则"学生"又是"人"的种概念了。

在思维与语言中，属种关系的概念一般不能并列使用。如"市委书记深入基层，调查了解群众生活服务事业、食堂、幼儿园办得怎么样。"这里把"群众生活服务事业"这个属概念和它的种概念"食堂"、"幼儿园"并列在一起使用，造成了混淆属种界限的逻辑错误。

在某些特定情况下，为了既突出重点又顾及全面，也有特意将种概念与属概念并列使用的，这时，属概念前应冠以"一切"、"所有"之类的量词。例如：

　　诗人、画家和所有的文艺工作者都应当深入生活。

四、交叉关系

当且仅当有 a 是 b，并且有 a 不是 b，有 b 不是 a，则概念 A 与概念 B 为交叉关系。换句话说，交叉关系是两个概念有且仅有部分外延相重合的关系。例如：

医生　　　　　　　军人
妇女　　　　　　　工人
畅销商品　　　　　高档商品

上述三对概念，每一对都是交叉关系。拿"医生"与"军人"这两个概念来说，有的医生是军人，有的医生不是军人，而且有的军人是医生，有的军人不是医生。这样，"医生"与"军人"的关系，就是交叉关系。

两个概念之间的交叉关系可以用下面的欧拉图（图 2-4）表示。

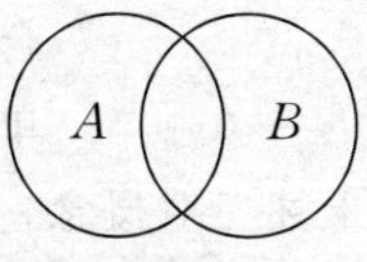

在思维与语言中，交叉关系的概念一般也不能并列使用。例如：

① 他写过不少长篇小说、短篇小说和纪实小说。

图 2-4

② 李明喜欢阅读外国文学名著、中长篇小说，对儿童文学作品也有所涉猎。

例①中的"纪实小说"与"长篇小说"、"短篇小说"分别有交叉关系，将它们并列使用是不恰当的。例②中的"外国文学名著"、

"中长篇小说"、"儿童文学作品"三个概念相互交叉,也不应该并列使用。

在某些特殊情况下,出于表达的需要,也有将交叉关系的概念并列使用的。例如:

> 在考试成绩基本相同的情况下,应该优先录取烈士子女、转业军人、三好学生。

这一例中"转业军人"、"三好学生"与"烈士子女"有交叉关系。从形式上看好像是并列,其实是省略了相关的矛盾概念:即在烈士子女与非烈士子女中优先录取前者,在转业军人与其他人员中,在三好学生与其他学生中也分别优先录取前者。总之,这是从不同角度指出应优先录取的对象。这样表达使语言显得简洁。

上述两个概念之间的全同关系、真包含关系、真包含于关系、交叉关系有一个共同点,即 A、B 两个概念至少有一部分外延是重合的,这四种关系可以统称为相容关系。

五、全异关系

当且仅当所有 a 都不是 b,则概念 A 与概念 B 为全异关系。换句话说,全异关系是两个概念的外延没有任何部分重合的关系。全异关系又称为不相容关系。例如:

植物 　　　　动物
合法行为　　　非法行为
单纯词　　　　合成词

上述三对概念,每一对都是全异关系,其外延完全排斥,没有任何一部分重合。

两个概念之间的全异关系可以用下面的欧拉图(图 2-5)表示。

全异关系中还有两种特殊的关系:矛盾关系和反对关系。矛盾关系与反对关系都是两个概念相对于其共同的属概念而言的。

下面我们用大写字母 A、B、C 分别表示概念，用小写字母 a、b、c 分别表示 A、B、C 所反映的类中的分子来说明这两种关系。

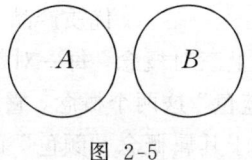

图 2-5

1. 矛盾关系

当且仅当没有 a 是 b，并且凡 a 是 c，凡 b 是 c，并且没有 c 既不是 a 也不是 b，则概念 A 与概念 B 相对于概念 C 为矛盾关系。换句话说，具有矛盾关系的两个概念是同一属概念下的两个种概念，其外延互相排斥，并且其外延之和等于这个属概念的外延。例如：

直接经验　　　　　间接经验
脊椎动物　　　　　无脊椎动物
出　席　　　　　　缺　席

以上三对概念，每一对都是矛盾关系。就以第一对来说，"直接经验"与"间接经验"外延相互排斥，它们的外延之和等于其属概念"经验"的外延。这样，"直接经验"与"间接经验"之间的关系就是矛盾关系。

两个概念之间的矛盾关系，可以用下面的欧拉图（图 2-6）表示。

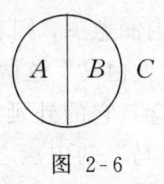

2. 反对关系

当且仅当没有 a 是 b，并且凡 a 是 c，凡 b 是 c，并且有 c 既不是 a 也不是 b，则概念 A 与概念 B 相对于概念 C 为反对关系。换句话说，具有反对关系的两个概念也是同一属概念下的两个种概念，其外延也互相排斥，而其外延之和则小于这个属概念的外延。例如：

图 2-6

黑色　　　　　　　蓝色
大学　　　　　　　小学

优质产品　　　　劣质产品

以上三对概念，每一对都是反对关系。拿第一对来说，"黑色"与"蓝色"这两个概念，它们的外延相互排斥，而且它们的外延之和小于其属概念"颜色"的外延，因为"颜色"除了"黑色"、"蓝色"外，还包括"黄色"、"红色"、"绿色"、"白色"等。

两个概念之间的反对关系可以用下面的欧拉图（图2-7）表示。

矛盾关系和反对关系都是同一属概念下两个同层次的种概念之间的关系，它们的主要区别在于：前者是一种非此即彼的关系，没有其他的可能性，而后者却不排除其他的可能性。

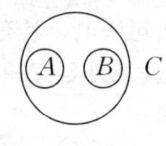

图 2-7

第四节　概念的限制与概括

一、概念内涵与外延的反变关系

具有属种关系的概念，其内涵与外延之间存在着一种反变关系：一个概念的内涵愈多，则它的外延愈小；反之，一个概念的内涵愈少，则它的外延愈大。例如："马"与"白马"，"白马"与"大白马"这两对概念都具有属种关系。"白马"是"马"的种概念，它的外延比"马"小，而内涵却比"马"多，它除了具有"马"的内涵之外，还多了"白色"这一内涵；"大白马"又是"白马"的种概念，它的外延比"白马"小，而内涵又比"白马"多，它除了具有"白马"的内涵外，还多了"形体大"这一内涵。由"马"到"白马"再到"大白马"，内涵越来越多，而外延却越来越小。

属概念与种概念内涵与外延之间的这种反变关系，就是对概念进行限制和概括的逻辑依据。

二、概念的限制

概念的限制是通过增加概念的内涵，以缩小概念的外延来明确概念的一种逻辑方法。例如，对"桥"增加"中间高起，桥洞成弧形"的内涵，就可以限制为"拱桥"。对"战争"增加"具有革命性质"的内涵，就可以限制为"革命战争"。

限制是缩小概念外延的方法，即由外延较大的概念过渡到外延较小的概念。换句话说，限制是由一个属概念推演到它的种概念的逻辑方法。

限制可以连续进行。例如："桥"这个概念，还可以限制为"石拱桥"、"中国石拱桥"、"古代中国石拱桥"，直到单独概念"赵州桥"。

对一个概念是否要进行限制，以及限制到什么程度，都必须根据思维实际的需要。单独概念不能进行限制，如上例的"赵州桥"，它只反映一个特定对象，是外延最小的种概念，因此，不能再对它进行限制。

在汉语中，概念的限制通常采用在名词前加定语，在形容词、动词前加状语或在其后加补语的办法来表示，也可以不加限制成分而直接将一个表达属概念的词换成一个表达种概念的词。前者如把"学生"限制成"大学生"，把"跑"限制成"快跑"，把"美"限制成"很美"，把"打"限制成"打得好"，等等；后者如把"动物"限制为"牛"，把"油料作物"限制成"花生"，等等。不过，应该注意，有的定语、状语和补语对中心语并不起限制作用，仅起修饰、强调或表示数量的作用。如"雄伟的人民大会堂"、"光芒万丈的太阳"等，其中"雄伟"、"光芒万丈"并不起限制作用，只不过将"人民大会堂"、"太阳"的某种属性加以强调罢了。

使用概念如果缺少必要的限制，就会造成词不达意，影响思想交流。例如：

① ××牌电视机是我国唯一获得国际金奖的产品。

② 每个学生必须遵守课堂纪律，上课不许讲话。

上面二例，例①的"产品"概念外延太大，它包括各种重工业产品、轻工业产品及农产品，我国各种产品中获得国际金奖的绝不会只有××牌电视机一种。应该把"产品"限制为"电视机"。例②中"不许讲话"提法太笼统，排斥了回答问题和提出问题等正当的活动，应当把"不许讲话"限制成"不许随便讲话"。

概念的限制要运用恰当，才能达到明确概念的目的，如果给概念加上不适当的限制，反而容易使人产生误解，影响表达效果。例如：

① 这篇短篇小说是她的第一篇处女作。

② 有的人拿到工资就乱花，造成了不应有的浪费。

以上二例，例①中的"处女作"就有"个人的第一篇作品"之意，再用"第一篇"来限制它，是多余的。例②中的"浪费"本来就属于"不应有"的现象，意义也很明显，不必再加"不应有"来限制。可见，多余限制或者限制不当，同样不能达到明确概念的目的。

三、概念的概括

概念的概括是通过减少概念的内涵以扩大概念的外延来明确概念的一种逻辑方法。例如，对"教学能力"减去"教学方面的"这一内涵，就把"教学能力"概括为"能力"；对"青年工人"减去"青年"这一内涵，就可以把"青年工人"概括为"工人"。

概括是扩大概念外延的方法，即由外延较小的概念过渡到外延较大的概念，或者说，概括是由一个种概念推演到它的属概念的逻辑方法。

概括也可以连续进行。例如：

青年纺织女工──→纺织女工──→女工──→工人──→人

这就是一个连续概括。每一次概括，内涵都有所减少，外延都有所扩大。

对一个概念是否要进行概括，概括到什么程度，必须根据实际思维的需要。概括的极限是范畴。因为范畴是一定领域的最高的属概念，如"物质"、"意识"、"原因"、"结果"、"时间"、"空间"等，都是外延最大的属概念，不能再进行概括了。

在语言表达上，概括表现为去掉起限制作用的成分，或者将一个表达种概念的词直接换成一个表达属概念的词。前者如把"油料作物"中起限制作用的"油料"去掉，概括成"作物"；后者如把"诗歌"这个种概念，直接概括成"文学作品"这一属概念。

要正确进行概念的概括，必须弄清概念间的种属关系，否则会出现"概括不当"的逻辑错误。例如：

① 我们在学习中要有专心和恒心的科学态度。

② 农作物在生长过程中，要吸收土壤里的水分以及氮、磷、钾等肥料。

例①中，用"科学态度"来概括"专心"和"恒心"，这是不恰当的，"科学态度"不是"专心"和"恒心"的属概念。例②中"肥料"指含有"氮"、"磷"、"钾"等养分的物质，如粪尿、绿肥、化肥等，"肥料"不是"氮"、"磷"、"钾"的属概念，因此，用"肥料"来概括"氮"、"磷"、"钾"是不恰当的，应改用"养分"。

第五节 定 义

一、什么是定义

定义是揭示概念内涵的逻辑方法。概念的内涵是对象的特有属性在概念中的反映,因此也可以说,定义是揭示概念所反映的对象的特有属性的逻辑方法。它的特点是用简明的语句,将概念所反映的对象的特有属性高度概括地揭示出来,以明确概念。例如:

① 商品就是用来交换的劳动产品。
② 固体就是有一定体积和形状的物质。

例①通过一个简炼的语句揭示了"商品"这一概念所反映的对象的特有属性:"用来交换的劳动产品",使它同其他的劳动产品区别开来。定义的逻辑形式可表示为:

D_s 就是 D_p

在现代汉语中,定义的表达形式还有"D_s 是 D_p"、"D_s 即 D_p"、"所谓 D_s,是指 D_p"、"D_p 称为 D_s"、"D_p 叫做 D_s",等等。

二、定义的种类

1. 属加种差定义

属加种差定义,就是运用属加种差方法揭示概念所反映的对象的特有属性的定义。

属加种差方法是思维与语言中最常用的定义方法。它的结构形式是:

被定义项＝种差＋邻近的属概念

运用这种方法给概念下定义时,首先是找出被定义项的邻近的属概念,也就是对被定义项进行概括;然后找出被定义项与同级的其他种概念之间的差别,即"种差";最后把"种差"与"邻近的属概念"相结合,组成定义项,也就是用"种差"对那个"邻近的属概念"进行限制,从而得到一个与被定义项外延完全重合的定义项。

例如,我们给"普通逻辑"下定义,首先要找出"普通逻辑"的邻近属概念"科学",确定普通逻辑是科学里面的一种。然后将普通逻辑同其他各种科学进行比较,找出它和其他各种科学之间的差别:即"研究思维形式结构及其规律和方法",这就是普通逻辑相对于其他科学的"种差"。这样,我们可以将"普通逻辑"定义为:"普通逻辑是一门研究思维形式结构及其规律和方法的科学"。

属加种差定义中的种差,揭示了被定义概念所反映的对象区别于其邻近概念下其他种概念所反映的对象的特有属性。由于对象的特有属性是多方面的,定义中的种差可以从不同的方面来反映对象的特有属性,从而形成各种不同的属加种差定义:

(1)种差反映的是对象的性质,这种定义叫做性质定义。如上述"普通逻辑"的定义。

(2)种差反映的是对象发生或形成的情况,这种定义叫做发生定义。例如:

月蚀是太阳、地球、月亮三者处在一条直线上时,月亮被地球所遮而产生的部分或全部失光的天文现象。

(3)种差反映的是对象的功用,这种定义叫做功用定义。例如:

① 电动机是把电能变为机械能的电机。

② 温度计就是用来测量温度的仪器。

(4)种差反映的是对象与对象之间的关系,这种定义叫做关系定义。例如:

① 副热带是热带与温带之间的过渡带。

② 负数就是小于零的数。

属加种差方法是人们给概念下定义时常用的方法，它有助于人们从各个不同方面去认识事物。我们学习各门科学知识时接触到的定义多数是属加种差定义。但是，这种定义也有局限性。哲学上的范畴，如物质、意识、内容、形式等，都是外延最广的普遍概念，它们没有属概念，不可能用属加种差的方法下定义。

2. 语词定义

语词定义是说明或规定语词的意义、用法的定义。这种定义的任务不在于揭示概念的内涵，只是指明一个语词表达什么概念或表示什么事物，在一定程度上起着明确概念、区别事物的作用。

语词定义有两种：说明性语词定义和规定性语词定义。

（1）说明性语词定义。这种定义是对某个语词已经确定的意义作出说明。这种定义在语文教学和词典中用得最多，通常称为释义。例如：

① 尼龙：英语 *nylon* 的音译，也译作尼伦，是指聚酰胺纤维，有时也指聚酰胺树脂。

② 耄耋之年：表示八九十岁的年纪。

③ 取经：本指佛教徒到印度去求取佛经，今比喻向先进人物、单位或地区吸取经验。

④ 懦弱：软弱无能，不坚强。

以上这些都是说明性语词定义。因为说明性语词定义是对语词已有的含义作出说明，这种定义有对错之分。

（2）规定性语词定义。这种定义是给某个语词表示的意义作出规定。这种定义在科学论著、法律条文、规章制度、合同、条约中应用广泛。例如：

① 三废：表示工业生产过程中的废液、废气和废渣。

② 四有新人：指有理想、有道德、有文化、有纪律的新型建设人才。

③ 初唐四杰：指初唐文学家王勃、杨炯、卢照邻、骆宾王四人。

以上三例对"三废"、"四有新人"、"初唐四杰"三个语词所表达的概念进行规定，使人们能在共同意义上使用它们。

三、定义的规则

定义要下得正确，就必须遵守以下几条规则：

规则1. 定义项与被定义项的外延必须是全同关系。

这条规则要求：定义项的外延不能大于被定义项的外延，否则，就会犯"定义过宽"的错误；定义项的外延也不能小于被定义项的外延，否则，就会犯"定义过窄"的错误。例如：

① 宪法是国家的法律。
② 词是表达概念的语言单位。

例①定义项"国家的法律"的外延大于被定义项"宪法"的外延。因为"国家的法律"除了宪法，还有民法、刑法等等。例②中的定义项"表达概念的语言单位"的外延过窄，它小于被定义项"词"的外延，因为除了能表达概念的词以外，还有大部分虚词不能表达概念。

规则2. 定义项不得直接或间接包含被定义项。

下定义是为了用定义项去明确被定义项，如果在定义项中直接或间接地包含被定义项，定义就失去了意义，达不到明确被定义项内涵的目的。

违反这条规则，就会犯"同语反复"或"循环定义"的逻辑错误。

"同语反复"是在定义项中直接包含了被定义项。例如："补偿贸易就是补偿性的贸易"，"物理学就是研究物理的科学"，等等。

"循环定义"是在定义项中间接地包含了被定义项。例如："生命是有机体的新陈代谢"，在这个定义中，定义项包含了"有机体"这个概念，而"有机体"又需要用"生命"来说明。因此，它实际上等于什么也没有说明。

规则3．定义必须清楚确切，不应用比喻或借代。

定义要揭示被定义项的内涵，要求表述定义项的语词清楚确切，不能含混不清。如有人给生命下了这样一个定义：

　　生命就是内在关系对外在关系的不断适应。

这里定义项中就包含了一些含混不清的概念，使人不知所云，犯了"定义含混"的错误。

"比喻"作为一种修辞方法，可以形象地描述事物的特征，但不能当作定义来使用。例如："儿童是祖国的花朵"，"经济学是社会科学的皇冠"，"文学是人们的精神食粮"等，这些都没有用科学术语直接指明被定义项的真正内涵是什么。如果把它们作为定义来使用，则犯了"用比喻代定义"的错误。

规则4．定义不应当是否定的。

给概念下定义是为了要明确揭示概念的内涵，因此，必须表示概念所反映对象的特有属性是什么，而如果定义是否定的，则它只说明了对象不是什么。如"有机物不是无机物"，"经济基础不是上层建筑"，这些都只是否定对象具有什么属性，而没有直接揭示出有机物、经济基础的特有属性。另外，这条规则还要求给正概念下定义时，不用负概念作定义项。因为负概念是反映不具有某种属性的对象的概念，因而不能揭示出概念的内涵。如"商品是不供自己使用的劳动产品"，这个定义中的"不供自己使用的劳动产品"是负概念，它没有揭示"商品"的内涵，没有正面回答什么样的劳动产品是商品。

第六节　划　分

一、什么是划分

划分是通过把一个属概念分为若干种概念来揭示概念外延的一种逻辑方法。例如：

① 三角形分为直角三角形、锐角三角形、钝角三角形。

② 句子可以分为陈述句、疑问句、祈使句、感叹句。

以上两例都是划分。例①是将属概念"三角形"，划分为"直角三角形"、"锐角三角形"、"钝角三角形"三个种概念。例②是把"句子"这一属概念，划分为"陈述句"、"疑问句"、"祈使句"、"感叹句"四个种概念。

划分有三个要素：划分的母项、划分的子项、划分的标准。

划分的母项就是被划分的属概念，如例①中的"三角形"；划分的子项就是划分后得到的种概念，如例①中的"直角三角形"、"锐角三角形"、"钝角三角形"；划分的标准就是划分所依据的对象的某个或某些属性，如例①中划分的标准是角的大小，例②中划分的标准是语气和用途。

划分与分解不同。分解是把一个对象分成几个部分，对象整体所具有的属性，部分不会具有，它们之间不是属种关系。划分是将一个属概念分成几个种概念，母项与子项是属种关系。例如"汽车可以分为国产车和进口车"，这是划分；而"汽车由发动机、车身、底盘等构成"，这是分解。

二、划分的种类

1. 一次性划分和连续划分

按划分次数不同，划分可分为一次性划分和连续划分。

一次性划分就是根据划分标准对母项一次划分完毕，划分的结果只有母项和子项两个层次。例如，把"小说"分为"长篇小说"、"中篇小说"、"短篇小说"，这就是按小说的篇幅和容量进行的一次性划分。

连续划分是把母项划分为若干子项后，再将子项作为母项继续进行划分，直到满足需要为止。例如，我们将"文学作品"这一概念先按体裁划分为"小说"、"诗歌"、"散文"、"剧本"，然后把"小说"这一概念进一步划分为"长篇小说"、"中篇小说"、"短篇小说"。这就是连续划分。

2. 二分法和多分法

按划分的子项数目不同，划分可以分为二分法和多分法。

二分法是把一个母项划分为具有矛盾关系的两个子项。二分法通常是依据对象有无某种属性对概念进行划分，所得的子项往往是一个正概念和一个相应的负概念。例如，把"人口"分为"农业人口"和"非农业人口"，把"教师"分为"专任教师"和"非专任教师"等。也可以两个子项都是正概念，如把"文学作品"分为"中国文学作品"和"外国文学作品"等。二分法的优点是简便易行，不易发生错误；缺点是，对负概念的内涵和外延揭示得不够清楚。

多分法是将一个母项分成三个或三个以上子项的划分。如上述例子中，把"小说"分为"长篇小说、中篇小说、短篇小说"，把"句子"分为"陈述句、疑问句、祈使句、感叹句"，这些都是多分法划分。

三、划分的规则

一个正确的划分，必须遵守下列规则。

规则1. 划分所得各子项外延之和应当与母项的外延相等。违

反这条规则,就会犯"划分不全"或"多出子项"的逻辑错误,例如:

① 重工业有冶金工业、机器制造工业、造纸工业、采掘工业。

② 汉语的代词有指示代词、人称代词两种。

例①中把不属于重工业的造纸工业划入了"重工业"的范围,这样,子项外延之和大于母项的外延,犯了"多出子项"的错误。例②中汉语的代词,除了指示代词和人称代词外,还有疑问代词,这样,子项的外延之和小于母项的外延,犯了"划分不全"的逻辑错误。

规则2. 每次划分必须根据同一标准。违反这条规则,就会犯"划分标准不同一"的逻辑错误。例如:

① 历史可以分为古代史、近代史、中国史、世界史、现代史。

② 高等学校有全日制高等院校、业余高等院校、理科、工科、农科、医科和文科高等院校。

例①同时以"时代"和"地域"两个不同标准对"历史"作一次划分,子项外延出现交叉,难以明确"历史"的外延。例②对"高等学校"的划分,也是同时采用"学习时间"和"学习专业"两个不同标准。这都是犯了"划分标准不同一"的逻辑错误。

规则3. 划分所得子项的外延应当互相排斥。违反这条规则,就会犯"子项相容"的逻辑错误。例如:

① 听报告的人很多,有工人、农民、干部、青年学生和妇女。

② 这家商场商品很多,有服装、鞋帽、家电和儿童用品。

例①中"妇女"与"工人"、"农民"、"干部"、"青年学生"分别是交叉关系,犯了"子项相容"的错误。例②中"儿童用品"的外延与"服装"、"鞋帽"也是相容的。

练 习 题

一、指出下列语句中标横线的概念是单独概念还是普遍概念,是正概念还是负概念。

1. <u>中国男排</u>是这一届亚运会的<u>冠军</u>。
2. <u>《伤逝》</u>是鲁迅的作品。
3. 单句可分为<u>主谓句</u>和<u>非主谓句</u>。
4. <u>失败</u>是成功之母。
5. 零是大于<u>负数</u>、小于<u>正数</u>的数。
6. <u>这篇叙事散文</u>写于1941年,记叙的是<u>抗日战争时期</u>的事情。

二、指出下列语句中标横线的语词表达的是集合概念还是非集合概念。

1. <u>青年</u>代表祖国的未来。
2. 每个<u>青年</u>都要努力学习。
3. <u>鲁迅的杂文</u>是涉及社会生活各个方面的。
4. 《友邦惊诧论》是<u>鲁迅的杂文</u>。
5. 中国<u>人</u>死都不怕,还怕困难吗?
6. 我是<u>中国人</u>。
7. 李英是<u>91级(3)班学生</u>。
8. <u>91级(3)班学生</u>是全校最守纪律的。
9. <u>我校的体育运动器材</u>种类很多。
10. 这副双杠是<u>我校的体育运动器材</u>。

三、用欧拉图表示下列概念的关系。

1. 思维规律(A) 规律(B) 矛盾律(C) 思维(D)
2. 江苏省(A) 南京市(B) 南京师范大学(C) 中国(D)
3. 船(A) 轮船(B) 货船(C) 船长(D)
4. 文学作品(A) 散文(B) 诗歌(C) 文学期刊(D)
5. 坚强(A) 年轻人(B) 坚强的人(C) 坚强的战士(D)
6. 工人(A) 共产党员(B) 青年工人(C) 党员教师(D)

四、将下列概念各进行一次限制和概括。
1. 社会主义国家
2. 丹顶鹤
3. 日光灯
4. 大学生
5. 推理

五、下列语句作为定义是否正确？如果不正确，请说明它违反了哪条定义规则。
1. 句子是表达一定意义的语言单位。
2. 天文学就是研究地球所在的太阳系的科学。
3. 理性就是人区别于动物的高级神经活动。
4. 商品是用货币作交换手段的劳动产品。
5. 数学是思维的体操。
6. 直径是连接圆周上任意两点的线段。

六、下列划分是否正确？如果不正确，请指出其逻辑错误。
1. 目前我国农户分成专业户、重点户、个体户、重点专业户。
2. 文学作品分为诗歌、小说、散文、戏剧、政论。
3. 汽车可分为大汽车、小汽车、货车、客车、国产车、进口车。
4. 人种可以分为黄色人种、白色人种、黑色人种。
5. 民主革命有资产阶段领导的旧民主主义革命和无产阶级领导的新民主主义革命。

第三章 性质判断

第一节 判断概述

一、什么是判断

判断是对对象情况有所断定的思维形式。

判断是由概念组成的。人们在思维中,运用概念去反映客观对象及其特有属性,但是,单个的概念不能直接反映人们对客观对象的认识,人们在实践中认识到对象具有或不具有某种属性以及对象的发生、存在和变化的各种情况,都要运用概念组成的判断来加以反映。例如:

① 实践是检验真理的唯一标准。

② 事物不是一成不变的。

③ 如果你走,那么我就留下。

④ 或者你说错了,或者我听错了。

判断有两个基本特征:

第一,判断都是有所断定的。上面的例①肯定"实践"具有"检验真理的惟一标准"这一性质;例②否定"事物"具有"一成不变"的性质;例③、例④则分别肯定事物情况之间具有条件关系与选择关系。肯定与否定,都是有所断定。

第二，判断都是有真假的。

既然判断是对对象情况的断定，因此，就存在着这种断定是否符合对象实际的问题。判断所作的断定符合对象的实际，这个判断就是真的；反之，就是假的。例如："雪是白的"这符合对象的实际，它是真的；而"雪是黑的"这不符合对象的实际，它就是假的。

一个具体判断在事实上的真假问题，虽然是普通逻辑所关心的，但不是普通逻辑所着重研究的。普通逻辑着重研究和解决的是判断在逻辑上的真假，揭示判断之间形式上的真假关系。也就是说，普通逻辑不像认识论那样，要从主客体关系的角度来把握判断的真假，而只从判断形式方面研究其真假关系。

二、判断和语句

判断和语句有着不可分割的联系。判断只有通过语句才能形成和存在。判断是语句所表达的思想内容，语句是判断的语言表现形式。

判断和语句也有明显的区别。

第一，判断和语句属于不同学科的研究对象。

判断是思维的基本形式，属于逻辑学研究的范畴；语句是语言的基本单位，属于语言学研究的范畴。判断作为思维形式，属于精神形态的东西，它无声、无形，不可直接被感知；语句作为语言形式，属于物质形态的东西，它有声、有形，可直接被感知。

第二，任何判断都要用语句表达，但并非任何语句都表达判断。

陈述句是对事物情况直接进行陈述，因此，陈述句直接表达判断。例如：

① 中国发生了巨大变化。

② 中国男排战胜了韩国男排。

例①表达了对思维对象"中国"具有"发生了巨大变化"这一性质的断定;例②表达了对对象之间("中国男排"与"韩国男排")具有某一关系("战胜"与"被战胜")的断定。

反问句是无疑而问,以加强的语气间接地表达了判断。例如:"难道事物是一成不变的吗?"表达了对"事物不是一成不变的"这一断定的强调。

大部分感叹句也包含了对事物情况的断定,例如,"家乡的变化多么大啊!"包含了"家乡的变化很大"这一断定。因此,大部分感叹句也是间接表达判断的。

一般的疑问句、祈使句和少数感叹句不表达判断。例如:

① 她是哪儿的人?
② 请保持肃静!
③ 啊,天哪!

以上三例没有表达对对象情况的断定,也没有真假,换句话说,这些语句表达的思想或感情不具有判断的基本逻辑特征,因而都不是判断。

第三,同一判断可以用不同语句表达。

判断是断定对象情况的,人们只要对对象情况认识一致,就可以形成相同的判断,这一点是不受民族或社会习惯影响的。在同一个民族里,由于语言表现形式的多样性,相同的判断也可以用不同的语句来表达。例如:

这里每个师范生都是用功的。
这里没有一个师范生不是用功的。
这里的师范生个个用功。
这里难道有哪个师范生不用功吗?

这些形式不同的语句在逻辑上表达的是同一个判断:这里所有的师范生都是用功的。

第四,同一语句可以表达不同的判断。

在不同语境下，同一语句可以表达不同的判断。例如，"那家小店关门了"，既可以理解为"那家小店停业了"，也可理解为"那家小店的营业时间已过"。这是两个不同的判断。因此，在日常思想交流中，我们必须根据语境等条件，排除歧义，准确地把握语句所表达的判断。

三、判断的种类

客观对象的情况是多种多样的，作为其反映形式的判断也是多种多样的。普通逻辑按照判断的形式来进行分类。

1. 简单判断和复合判断

按照判断形式中是否还包含其他判断，可以把判断分为简单判断和复合判断。不包含其他判断的判断称为简单判断，包含其他判断的判断称为复合判断。

2. 性质判断和关系判断

按照判断所断定的是对象的性质还是对象间的关系，又可以把判断分为性质判断和关系判断。断定对象自身具有或不具有某种性质的判断称为性质判断，断定对象和对象之间具有或不具有某种关系的判断称为关系判断。

3. 模态判断和非模态判断

按照判断形式中是否包含"必然"、"可能"等模态词，还可以把判断分成模态判断和非模态判断。

判断按上述三种不同的标准分类所得的各个子项是相容的交叉关系。例如：

① 我国是发展中国家。
② 科学认识不是神学启示。
③ 霜叶红于二月花。
④ 他既是三好学生，又是优秀团员。
⑤ 共产主义必然实现。

例①、②既是简单判断,又是性质判断,同时也是非模态判断;例③是简单判断、关系判断、非模态判断;例④是复合判断、性质判断、非模态判断;例⑤是简单判断、性质判断、模态判断。

本章着重介绍简单判断中的性质判断(简称性质判断),第五章将介绍复合判断。为避免重复,在介绍这两种判断时不涉及关系判断与模态判断的问题,有关关系判断与模态判断的知识,将在第七章专门介绍。

第二节 性质判断的特征和种类

一、性质判断的特征

性质判断是断定对象具有或不具有某种性质的判断。我们这里讨论的性质判断,仅指简单判断中的性质判断,由于它的断定是直接的,传统逻辑又把它称为直言判断。例如:

① 所有的语言都是交流思想的工具。
② 地球不是宇宙的中心。
③ 有的科学家不是大学毕业的。

例①断定"语言"这一类对象全部具有"交流思想的工具"这一性质;例②断定"地球"这一对象不具有"宇宙的中心"这一性质;例③断定"有的科学家"不具有"大学毕业"这一性质。

性质判断由主项、谓项、联项和量项四部分组成,其中主项和谓项是变项,联项和量项是逻辑常项。

判断的主项是反映判断对象的概念,如例①中的"语言",通常用"S"来表示。

判断的谓项是反映判断对象的性质的概念,如例①中的"交流思想的工具",通常用"P"来表示。

就判断的逻辑形式而言,所有判断都有主项和谓项,但在日常语言中，可以根据不同的语境对表示主项或谓项的那部分语词进行省略。例如：

甲："谁是现代逻辑创始人？"

乙："莱布尼茨。"

这里乙的回答就省略了表示判断谓项的语词"现代逻辑创始人"。

判断的联项表示对象和性质之间的联系，肯定联项用"是"表示，否定联项用"不是"表示。联项决定判断的质。

判断的量项是表示判断对主项所反映对象的断定范围的概念。量项决定判断的量，它有全称和特称的区别。如例①中的"所有"是全称量项，例③中的"有的"是特称量项。

二、性质判断的种类

性质判断的种类划分，是以质和量为标准的。

按照判断的质来划分，性质判断可分为肯定判断和否定判断两种。

按判断的量的不同，可以将性质判断分为单称判断、全称判断和特称判断三种。

将质与量结合起来作为标准，可以将性质判断划分为以下六种：全称肯定判断、全称否定判断、特称肯定判断、特称否定判断、单称肯定判断、单称否定判断。

1. 全称肯定判断

全称肯定判断是断定一类对象全部都具有某种性质的判断。例如：

① 所有干部都是人民的勤务员。

② 没有一只大熊猫不是哺乳动物。

这两个都是全称肯定判断。例①断定"干部"这一类对象全部都具有"人民的勤务员"的性质。例②断定不具有"哺乳动物"性质的"大熊猫"一只也没有，也就是断定"大熊猫"这一类对象全部都具有"哺乳动物"这一性质,这是全称肯定判断的又一种表达形式。

全称肯定判断的逻辑形式是:

所有 S 都是 P

2. 全称否定判断

全称否定判断是断定一类对象全部都不具有某种性质的判断。例如:

① 所有的国家都不是超阶级的。

② 没有一个唯理论者是经验论者。

这两个都是全称否定判断。例①断定"国家"这类对象全部都不具有"超阶级"的性质。例②断定具有"经验论者"性质的"唯理论者"一个也没有,也就是断定"唯理论者"这一类对象全部都不具有"经验论者"的性质,这是全称否定判断的又一种表达形式。

全称否定判断的逻辑形式是:

所有 S 都不是 P

在日常语言中,表达全称量项的语词还有"一切"、"任何"、"每个"、"全部"、"凡"、"个个"、"无论哪个",等等,例如:

① 个个都是好样的。

② 任何权力都是人民给的。

③ 凡志士都有抱负。

全称判断的量项在语言表达中有时也可以省略,例如:

① 教师是劳动者。

② 商品是有价值的。

3. 特称肯定判断

特称肯定判断是断定某类对象中至少有一个个体具有某种性质的判断。例如:

有的学生是用功的。

这个特称肯定判断断定"学生"这类对象中至少有一个具有"用功"的性质。特称肯定判断的逻辑形式是:

有的 S 是 P

也可以写作:有 S 是 P

这里要注意的是,"有的 S 是 P"(或"有 S 是 P")只断定至少一个 S 是 P,对其余的 S 未作断定。这个"有的"与自然语言中的"有的"含义不完全相同。在通常情况下,当我们说"有的 S 是 P"时,往往意味着"还有 S 不是 P",如说"有的党员是青年",意味着"有的党员不是青年",这个"有的 S 是 P"实际含义是"有的 S 是 P 并且有的 S 不是 P"。但是,在另一些场合,当我们说,"有的 S 是 P"时,却并不意味着"还有 S 不是 P"。如"有的基本粒子是有内部结构的",这里,"有的 S 是 P"并不排除"所有 S 是 P"。因为当人们发现某些基本粒子有内部结构时,对其余基本粒子是否有内部结构还不清楚。显然,在这两种含义中,前一种断定得多,较强;后一种断定得少,较弱。普通逻辑的特称量项"有的"采取断定较少的后一种含义,可以理解为"至少有一个",并不排除全部,这样才符合人的认识过程,才更具有概括性和灵活性。

4. 特称否定判断

特称否定判断是断定某类对象中至少有一个不具有某种性质的判断。例如:

有的学生不是用功的。

这个特称否定判断断定"学生"这类对象中至少有一个不具有"用功"的性质。特称否定判断的逻辑形式是:

有的 S 不是 P

也可以写作:有 S 不是 P

在日常语言中,特称量项还可以用"有些"、"某些"、"一些"、"多数"、"大多数"、"绝大多数"、"几乎所有"、"不少"、

"个别"、"极个别"、"半数"、"百分之×"等等来表达。这些语词比"有"、"有的"断定得多,"有"、"有的"是上述各种表示数量范围的语词的抽象和概括。

5. 单称肯定判断

单称肯定判断是断定某一个对象具有某种性质的判断。例如:

① 鲁迅是新文化运动的主将。

② 这棵树是松树。

例①断定"鲁迅"这一个别对象具有"新文化运动的主将"的性质;例②断定"这棵树"这一个别对象具有"松树"的性质。单称肯定判断的逻辑形式是:

这个 S 是 P

6. 单称否定判断

单称否定判断是断定某一个别对象不具有某种性质的判断。例如:

① 这本书不是小说书。

② 鲁迅不是上海人。

例①断定"这本书"这一个别对象不具有"小说书"的性质;例②断定"鲁迅"这一个别对象不具有"上海人"的性质。单称否定判断的逻辑形式是:

这个 S 不是 P

单称判断的主项是单独概念。单独概念反映的对象是独一无二的事物,所以,单称判断的主项前面没有量项出现。也可以说,单称判断实际上也断定对象全部具有或不具有某种性质。因此,传统逻辑把单称判断当作全称判断处理。这样,我们可将以上六种判断形式归结为以下四种基本形式:

全称肯定判断:可以用 A 表示,写作 SAP。

全称否定判断:可以用 E 表示,写作 SEP。

特称肯定判断:可以用 I 表示,写作 SIP。

特称否定判断：可以用 O 表示，写作 SOP。

第三节 性质判断主谓项的周延性

一、周延性的含义

性质判断中主、谓项的周延性问题，是从量的方面研究性质判断主、谓项的逻辑特征。

所谓性质判断主、谓项的周延性，是指一个判断对它的主项、谓项的外延的断定情况。一个判断的主项或谓项是周延的，是指这个判断断定了主项或谓项的全部外延；一个判断的主项或谓项是不周延的，是指这个判断没有断定主项或谓项的全部外延。

如何理解性质判断主、谓项的周延性呢？

第一，主、谓项的周延性是相对于它们所在的判断而言的。离开了判断，单个的概念虽然都有外延，但不存在是否周延的问题。

第二，主、谓项的周延性是相对于判断的形式结构而言的，不是相对于判断所涉及的对象本身的实际情况而言的。因此，虽然世界上发现有黑天鹅，但当人们讲："所有天鹅都是白的"时，"天鹅"之前用了全称量项表示断定其全部外延，它就是周延的。同样，虽然客观上全部金属都导电，但当人们讲："有的金属是导电的"时，"金属"之前用了特称量项，表示没有断定其全部外延，所以它就是不周延的。

二、A、E、I、O 四种判断主项、谓项的周延性

第一，全称肯定判断（SAP）主项是周延的，谓项是不周延的。

SAP 断定了所有 S 都包含在 P 中，也就是断定了 S 的全部外延。因而，主项 S 是周延的。

SAP 只是断定所有 S 都包含在 P 中,它并没有断定所有的 P 都被 S 所包含。这就是说,SAP 并没有断定 P 的所有外延,所以,谓项 P 是不周延的。例如:

所有的团员都是青年。

在这个全称肯定判断中,主项"团员"被断定全部外延,所以,它是周延的。而谓项"青年"没有被断定全部外延,因为这个判断没有断定"团员"是"青年"的全部,所以,谓项"青年"是不周延的。

第二,全称否定判断(SEP)主项、谓项都是周延的。

SEP 断定了所有 S 都不是 P,也就是断定了 S 的全部外延与 P 的全部外延相排斥。所以,SEP 断定了主项 S 和谓项 P 的全部外延,其主项、谓项都是周延的。例如:

所有的真理都不是一成不变的。

在这个全称否定判断中,主项"真理"的全部外延被断定,所以,它是周延的。同时,谓项"一成不变的"的全部外延也均被排除在"真理"之外,所以,这个谓项也是周延的。

第三,特称肯定判断(SIP)主项、谓项都是不周延的。

SIP 只是断定有 S 包含在 P 中,并未断定所有 S 包含在 P 中,也就是没有断定 S 的全部外延,所以,其主项 S 是不周延的。

SIP 也没有断定所有 P 包含于 S,也就是没有断定 P 的全部外延。所以,谓项 P 也是不周延的。例如:

有的洗衣机是全自动的。

这个特称肯定判断只是断定了"有的洗衣机"包含在"全自动的"之中,并没有断定"洗衣机"的全部外延,所以,主项是不周延的;对于谓项"全自动的",这个判断也没有断定它的全部外延包含于"洗衣机"中,所以,这个谓项也是不周延的。

第四,特称否定判断(SOP)主项不周延,谓项周延。

SOP 只是断定至少有一个 S 与 P 相排斥,并未断定全部 S

与 P 相排斥,也就是说没有断定 S 的全部外延。所以,其主项 S 是不周延的。

SOP 断定了至少有一个 S 与 P 的全部外延相排斥,也就是说,它断定了 P 的全部外延。因此,它的谓项 P 是周延的。例如:

有的运动员不是青年。

这个特称否定判断只是断定至少有一个"运动员"与"青年"相排斥,并没有断定"运动员"的全部外延。所以,主项"运动员"是不周延的。对于谓项"青年"来说,它的全部外延与至少一个"运动员"相排斥。所以,谓项"青年"是周延的。

综上所述,全称判断的主项都是周延的,特称判断的主项都是不周延的,否定判断的谓项都是周延的,肯定判断的谓项都是不周延的。

上述四种性质判断形式中主、谓项的周延情况可以列表如下:

判断形式	主 项	谓 项
SAP	周 延	不周延
SEP	周 延	周 延
SIP	不周延	不周延
SOP	不周延	周 延

第四节 性质判断的真假

性质判断断定对象具有或不具有某种性质,而任何性质总是属于一定对象的,因此,性质判断断定"所有(或有的)S 是(或不是)P",实际上就是断定现实中 S 类对象与 P 类对象之间的关系。

我们知道,S 类与 P 类之间的关系,反映在思维中,就是 S 与

P 两个概念外延间的关系。概念外延间的关系不外乎五种：全同关系，例如"等边三角形"与"等角三角形"；真包含于关系，例如"团员"与"青年"；真包含关系，例如"牛"与"水牛"；交叉关系，例如"高价商品"与"优质商品"；全异关系，例如"三角形"与"四边形"。若以上述五对概念分别构成性质判断，则主项 S 与谓项 P 的关系可用欧拉图依次表示如下：

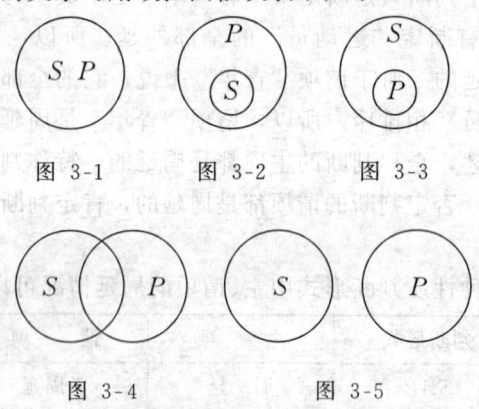

图 3-1　　　图 3-2　　　图 3-3

图 3-4　　　　　图 3-5

这样，我们可以根据图形所示 S 与 P 外延间的关系，来考察 A、E、I、O 四种判断的真假情况。

一、SAP 的真假

SAP 断定所有 S 都是 P，也就是断定概念 S 的外延全部包含于概念 P 的外延之中，因此，当 S 与 P 实际上具有全同关系或真包含于关系时，即图 3-1 或图 3-2 所示，SAP 就是真的；而当 S 与 P 实际上具有真包含关系、交叉关系或全异关系时，即图 3-3、图 3-4、图 3-5 所示，SAP 就是假的。例如：

① 所有等边三角形都是等角三角形。
② 所有团员都是青年。
③ 所有牛都是水牛。

④ 所有高价商品都是优质商品。

⑤ 所有三角形都是四边形。

这五个判断都是 SAP，其中例①、②是真判断，因为判断的断定与主、谓项概念的实际关系相符；而例③、④、⑤则是假判断，因为判断的断定与主、谓项概念的实际关系不相符。

二、SEP 的真假

SEP 断定所有 S 都不是 P，也就是断定概念 S 的全部外延与概念 P 的全部外延相排斥，因此，当 S 与 P 实际上具有全异关系时，即图 3-5 所示，SEP 就是真的；当 S 与 P 实际上具有相容关系时，即图 3-1、图 3-2、图 3-3、图 3-4 所示，SEP 就是假的。

若将前面 5 个判断实例分别改为 SEP，我们可以看到，其中只有一个判断是真的，即：

所有三角形都不是四边形。

其余四个判断都是假的。

三、SIP 的真假

SIP 断定有的 S 是 P，也就是断定概念 S 的外延至少有一部分与概念 P 的外延相重合。因此，当 S 与 P 实际上具有相容关系时，即图 3-1、图 3-2、图 3-3、图 3-4 所示，SIP 就是真的；只有当 S 与 P 实际上具有全异关系时，即图 3-5 所示，SIP 才是假的。

若将前面 5 个判断实例分别改为 SIP，我们可以看到其中有四个判断是真的，即：

有的等边三角形是等角三角形。

有的团员是青年。

有的牛是水牛。

有的高价商品是优质商品。

这四个判断中，S 的外延至少有一部分与 P 的外延相重合，因此，它们都是真判断；只有一个判断是假的，即：

有的三角形是四边形。

四、SOP 的真假

SOP 断定有的 S 不是 P，也就是断定概念 S 的外延至少有一部分与概念 P 的外延相排斥，因此，当 S 与 P 实际上具有真包含关系、交叉关系或全异关系时，即如图 3-3、图 3-4、图 3-5 所示，SOP 就是真的；当 S 与 P 实际上具有全同关系或真包含于关系时，即如图 3-1、图 3-2 所示，SOP 就是假的。

若将前面 5 个判断实例分别改为 SOP，我们可以看到其中有三个判断是真的，即：

有的牛不是水牛。

有的高价商品不是优质商品。

有的三角形不是四边形。

这三个判断中，S 的外延至少有一部分与 P 的外延相排斥，因此，它们都是真判断；其余两个则是假判断。

第五节 性质判断的运用与表达

在日常思维与语言中，人们经常要运用与表达各种性质判断。如何正确运用与恰当表达性质判断，这个问题涉及诸多方面，我们这里仅从逻辑的角度提出几点要求。

一、主项与谓项搭配要恰当

要正确地运用与表达性质判断，首先是主项和谓项的搭配要恰当。性质判断的主项是反映思考对象的概念，谓项是反映思考对象的属性的概念。我们在表达时，必须注意二者的合理搭配，否则，就会犯逻辑错误。例如：

① 她这种助人为乐的精神是我们学习的榜样。

② 鸽子长途飞行，是经过主人长期训练获得的。

例①的主项是"她这种助人为乐的精神"，谓项是"我们学习的榜样"。"榜样"是指值得学习的人，而"精神"是一种抽象事物，它不具有"榜样"的属性。这个判断可以改成"她这种助人为乐的精神是值得我们学习的"。例②的主项为"鸽子长途飞行"，谓项为"经过主人长期训练获得的"。"长途飞行"作为一种动作行为，不具有"经过主人长期训练获得"的属性，作为一种能力，才具有这种属性。这个判断可以改为"鸽子长途飞行的能力，是经过主人长期训练获得的"。

性质判断主项与谓项搭配是否恰当，还可以从概念外延间的关系进行考察。肯定判断断定主项的外延至少有一部分与谓项的外延相重合，否定判断断定主项的外延至少有一部分与谓项的外延相排斥。如果一个性质判断的断定与主、谓项外延之间的实际关系不符，那就是不恰当的。例如：

① 他各科成绩优异的原因，是他长期勤奋学习的结果。

② 有的科学家不是知识分子。

例①中"原因"和"结果"应是不相容关系，而这个判断却说"原因是……结果"，断定二者是相容关系，这样的断定是不恰当的，应将前半句中"的原因"去掉。例②中"科学家"与"知识分子"应是种属关系，而这个判断却断定"科学家"至少有部分外延与"知识分子"相排斥，这不符合客观事实，应改为"科学家都是知识分子"。

二、联项的运用与表达要恰当

性质判断是断定对象具有或不具有某种性质的判断。判断的联项是联结主项和谓项的概念，联项决定判断的质。因此，要注意联项的运用与表达，使之真实地、准确地反映客观事物之间的联系。

在表达判断时，为了加强断定的语气，人们有时会运用双重否定或多重否定，但如果运用不当，则会把意思说反了，导致判断失误。例如：

① 科学发展到今天，谁也不会否认地球不是围绕着太阳运行的。

② 我们要尽量防止不发生意外事故。

③ 难道能否认人民群众不是国家的主人吗？

例①是三重否定，意思是"谁都承认地球不是围绕太阳运行的"，这是一个假判断，违背了说话人的原意，应把"不是"改为"是"。例②的原意是表示要防止发生意外事故，这里却说成要"防止不发生"，把意思说反了，这个"不"应当删去。例③是反问句，原意是要肯定人民群众是国家的主人，这里用了"否认"和"不是"已是双重否定，再加上"难道"，构成三重否定，这个语句表达的意思相当于一个否定判断："人民群众不是国家的主人"，这样就把意思表达反了，应把"不是"改为"是"才符合原意。

三、量项的运用与表达要恰当

在运用特称和全称判断时，应注意表达数量范围的语词的准确性。例如：

① 报纸上有些又臭又长的文章是不应该登的。

② 失足青年是可以教育的。

例①量项"有些"使用不当，应当用全称量项"所有"。例②是个全称判断，应该用特称判断表达才符合实际："有的失足青年是可以教育的。"不过，更准确地说应是："大多数失足青年是可以教育的。"

练 习 题

一、下列语句是否表达判断？为什么？

1. 这个孩子，哈哈！哈哈哈哈！
2. 四个现代化的宏伟目标一定能实现。
3. 欲加之罪，何患无辞？
4. 吸烟有害健康。
5. 鱼目焉能混珠！
6. 花儿为什么那样红？
7. 雪是什么颜色？
8. 难道会有黑色的雪吗？
9. 历史的潮流不可抗拒。
10. 为什么青年人都爱流行音乐？

二、指出下列性质判断的类型，并分析其主项、谓项、联项和量项。

1. 共产党员是无产阶级先进分子。
2. 占世界人口四分之一的中国人是勤劳勇敢的。
3. 任何困难都不是不可克服的。
4. 没有一个团员不是青年。
5. 没有一个三角形是四边形。
6. 有的图书是线装书。
7. 我们看见的星星，绝大多数是恒星。
8. 无论什么判断都是有所断定的。
9. 任何判断都不是无所断定的。
10. 牛鱼是世界上稀有的水生动物。

三、指出下列性质判断主项、谓项的周延情况。

1. 有的同学成绩不及格。
2. 中国是世界上人口最多的国家。
3. 一切事物都是有矛盾的。
4. 人的正确思想不是人头脑里固有的。

5. 《女神》是郭沫若的诗集。
6. 我班有些同学是非党员。
7. 我班有些同学不是党员。
8. 无论什么困难都不是不可以克服的。

四、根据有关判断的知识,指出下列语句在表达判断方面有什么错误,并加以改正。
1. 很难想象,温室里培养的花木经不起风霜。
2. 高一(2)班的黑板报,是全校办得最好的一个班级。
3. 有没有好的学习方法,是取得优良成绩的重要条件。
4. 有些黄色读物对青少年是有害的。
5. 难道能够否认这部小说没有不足之处吗?
6. 我并非反对在战争题材的影片里不该有某些爱情描写。

第四章 性质判断的推理

第一节 推理概述

一、什么是推理

推理是根据一个或一个以上的已知判断得出一个新判断的思维形式。例如：

① 凡绿色植物都是含有叶绿素的，
   菠菜是绿色植物，
   ─────────────────
   所以，菠菜是含有叶绿素的。

② 如果某人是凶手，则案发时他在作案现场，
   现查明某人确是凶手，
   ─────────────────
   所以，案发时某人一定在作案现场。

③ 科学思维是合乎逻辑的思维，
   ─────────────────
   所以，不合逻辑的思维不是科学思维。

④ 日月星辰是运动变化的，
   风雨雷电是运动变化的，
   花草树木是运动变化的，

飞禽走兽是运动变化的，
人类社会是运动变化的，
(日月星辰等都是客观事物)
———————————————
所以，客观事物都是运动变化的。

这些都是推理。例③是由一个已知判断推出一个新判断，其余的都是由两个或两个以上的已知判断推出一个新判断。

推理有三个要素：前提、结论和推理根据。前提是推理中的已知判断，如例①中的"凡绿色植物都是含有叶绿素的"和"菠菜是绿色植物"，这两个判断就是这个推理的前提。结论是推出的新判断，如例①中的"菠菜是含有叶绿素的"。推理至少由两个判断组成，但是，并不是任何几个判断凑在一起都能组成推理。例如：

王某是经济系学生，
李某是历史系学生，
他们都是共青团员。

这三个判断之间没有推出关系，因而，并不是推理。推理之所以能从若干个已知判断过渡到一个新判断，靠的是前提与结论之间的逻辑联系。推理的根据就是前提与结论之间的逻辑联系。如上面的例①、例②、例③，前提与结论之间的联系是必然的，前提蕴涵结论，结论没有超出前提的范围，也就是如果前提是真的，则结论必然是真的；例④中，结论超出了前提的范围，前提与结论的联系不是必然的，即如果前提是真的，其结论可能是真的，也可能是假的。

二、推理的语言形式

推理和概念、判断一样，总是要借助语言来进行，并通过语言表达的。推理的语言表达形式是复句和句群。

在现代汉语里，常用一些关联词语来表示前提和结论之间的逻辑关系。如"因为……所以"、"由于……因此"、"既然……就"等，这些关联词语可以互相配合，用于推理的前提和结论，有时也可以单用于前提或结论。例如：

① 因为我们是为人民服务的，所以，如果我们有缺点，就不怕别人批评指出。

② 由于我们主观上对客观规律认识的局限性，在工作中有缺点和错误是难免的。

③ 马克思以前的唯物论，离开人的社会性，离开人的历史发展，去观察认识问题，因此，不能了解认识对社会实践的依赖关系。

例①中的"因为"与"所以"一对关联词语是相互配合使用的，其中"因为"是用于前提的，"所以"是用于结论的；而例②、例③中的关联词是单用的。

推理从思维活动的进程来说，总是先有前提，后有结论，而在日常语言中，推理的表达形式则是灵活多样的，表达的顺序可以是前提在先，也可以是结论在先。推理的表达还常常采取省略形式，例如：

我们的"四化"建设所碰到的困难是可以克服的，因为，我们所碰到的困难都是前进中的困难。

这里，第一个分句表达的是结论，第二个分句表达的是小前提，这是一个省略了大前提的三段论推理。如果把大前提补充出来，其完整形式为：

凡前进中的困难都是可以克服的，
我们的"四化"建设所碰到的困难都是前进中的困难，
_____
所以，我们的"四化"建设所碰到的困难都是可以克服的。

除了上述关联词语外，还有一些词语，如"根据"、"在于"、

"基于"、"鉴于"、"出于"、"可见"、"由此可见"、"总之"、"据此"、"这些都说明"、"由此可以得出"等，有时也可以用于推理的前提或结论，以表示推出关系。例如：

① 鉴于现代化建设是一项极其艰巨的任务，而加强职工教育又是实现现代化的一个重要条件，因此，我们应当下最大决心，力争在第六个五年计划期间，有计划有步骤地把职工普遍培训一次。

② 现在大家纪念他，可见他的精神感人之深。

不过，要注意的是，出现上述这类词的复句或句群，有的表达推理，有的却不表达推理，不能一概而论。而有些复句和句群，并没有任何表示推断关系的词语，但根据前后句内容上的推断关系，我们仍然可以确定它是表达推理的。例如：

现在，先生是死了！我们不愿意恣情地悲痛，这还不是我们恣情悲痛的时候；我们也不愿意计算我们的损失，这是难于计算的。

这里的"这还不是我们恣情悲痛的时候"和"这是难于计算的"两个分句都是各自前一句的前提，可以在它们之前各补上一个"因为"，这样，我们可以看出，这段文字包含了两个推理。

三、推理的种类

推理按不同的标准可以有不同的分类。

第一，传统逻辑根据推理从前提到结论的思维进程方向的不同，把推理分为三类：演绎推理、归纳推理和类比推理。

演绎推理是从一般到特殊的推理。

归纳推理是从特殊到一般的推理。

类比推理是从特殊到特殊的推理。

第二，根据推理的前提与结论之间的逻辑联系，推理可以分为必然性推理和或然性推理。

必然性推理是由真前提必得真结论的推理。其前提蕴涵结论，即如果前提真，那么，结论一定真。演绎推理和完全归纳推理都是必然性推理。

或然性推理是由真前提可得真结论的推理。其前提不蕴涵结论，即如果前提真，结论可能真也可能假。不完全归纳推理和类比推理都是或然性推理。

第三，根据前提数量的不同，可以把推理分为直接推理和间接推理。

直接推理是以一个判断为前提推出结论的推理。

间接推理是以两个或两个以上判断为前提推出结论的推理。

为了论述方便，本书将按演绎推理、归纳推理、类比推理三大类依次进行介绍。

演绎推理的种类较多，分类情况也比较复杂，本书不作深入探讨。本章介绍的直接推理与三段论，第六章介绍的各种复合判断的推理，以及第七章介绍的关系推理与模态推理，都属于演绎推理。

四、推理的逻辑性

正确的推理必须具备两个条件：第一，前提必须真实；第二，推理必须有逻辑性。

前提是推理所根据的判断，它必须是真实的，即应当是正确反映客观事物情况的判断。如果前提虚假，就不能保证结论的真实。例如：

> 凡不怕死的人都是英雄，
> 李四是不怕死的，
> ————————————
> 所以，李四是英雄。

这个推理的前提"凡不怕死的人都是英雄"，是个假判断，因为不怕死的人当中，有的可能是亡命之徒，而亡命之徒根本算不上英雄。因而，从这个假前提出发推出的结论："李四是英雄"，并不必然为真。

不过，即使前提是真实的，推理得出的结论也未必是真的。例如：

　　凡参加会议的都是青年，
　　我校学生都不是参加会议的，
　　―――――――――――――――
　　所以，我校学生都不是青年。

假定这个推理的两个前提"凡参加会议的都是青年"和"我校学生都不是参加会议的"都是已知为真的，而推理得出的结论"我校学生都不是青年"却不是必然为真的。这就是因为推理没有逻辑性。

前提的真实性问题，要依靠各门具体科学、依靠实践来解决，普通逻辑研究推理，着重研究推理的逻辑性问题。

推理的逻辑性问题，就演绎推理而言，是推理形式是否有效的问题。所谓形式有效，是指一个推理必须满足在任何情况下，只要前提是真的，那么，其结论就一定是真的。也就是说，如果一个推理是形式有效的，那么，具有此推理形式的任何一个推理都不应出现前提真而结论假的情况。例如：

　　所有的偶数都是能被 2 整除的，
　　10 是偶数，
　　―――――――――――――――
　　所以，10 是能被 2 整除的。

这是一个三段论推理，其逻辑形式为：

　　所有的 M 都是 P
　　所有的 S 都是 M
　　―――――――――――――――
　　所以，所有的 S 都是 P

这个推理形式是有效的,因为根据这一推理形式构造的任何一个推理都不会出现前提真而结论假的情况。一旦根据某个推理形式构造的推理出现了前提真而结论假的情况,那么,这个推理形式就是无效的。例如,我们前面所说那个没有逻辑性的推理,其形式是这样的:

> 所有的 M 都是 P
> 所有的 S 都不是 M
> _____
> 所以,所有的 S 都不是 P

我们不难找到具有这种形式的另一个推理,如:

> 所有的偶数都是整数,
> 所有的奇数都不是偶数,
> _____
> 所以,所有的奇数都不是整数。

这个推理的两个前提:"所有的偶数都是整数"和"所有的奇数都不是偶数"都是真的,而结论"所有的奇数都不是整数"则是假的,因此,这个推理形式是无效的。

普通逻辑研究演绎推理,着重探讨作为前提的判断形式与作为结论的判断形式之间联系的规律性,从而总结出各种演绎推理的有效形式,制定严格的规则,以指导人们运用形式正确有效的推理,排除形式错误的推理。

归纳推理与类比推理虽然没有严格的规则,但也存在着是否合乎逻辑的问题。普通逻辑研究这两种推理,主要是探讨如何提高结论的可靠性,总结出一些应注意的事项,从推理方法上给人们以指导。

第二节 直接推理

直接推理是以一个判断为前提推出结论的推理。直接推理有多种，本节所讲的直接推理仅限于性质判断的直接推理。性质判断的直接推理有两类：一类是根据对当关系的直接推理，另一类是判断变形的直接推理。

一、根据对当关系的直接推理

（一）A、E、I、O 之间的对当关系

同素材的 A、E、I、O 四种判断之间具有的真假制约关系，称作对当关系。

所谓同素材，就是主项、谓项都相同。如果两个性质判断的主项和谓项均相同，那么，就称这两个判断是同素材的性质判断。

根据对当关系的直接推理就是根据同素材的性质判断（A、E、I、O）之间的真假制约关系进行的推理。

A、E、I、O 之间的对当关系，是以我们在第三章讨论的 A、E、I、O 四种性质判断真假情况为依据的。同素材的 A、E、I、O 四种性质判断的真假情况可以列表如下。

判断的真假 \ S和P之间的关系 \ 判断形式	(SP)	(S P)	(P S)	(S)(P)	(S)(P)
S A P	真	真	假	假	假
S E P	假	假	假	假	真
S I P	真	真	真	真	假
S O P	假	假	真	真	真

从上面的真假情况表，我们可以清楚地看出，A、E、I、O四种判断之间的对当关系有以下四种：

1. 矛盾关系

分别存在于A与O、E与I两对判断之间。具有矛盾关系的两个判断，不能同真，也不能同假。上表第一、二列中，A真而O假；第三、四、五列中，A假而O真。因此，A与O具有矛盾关系。同理，E与I也是矛盾关系。

2. 反对关系

存在于A和E两个判断之间。具有反对关系的判断，不能同真，可以同假。上表第一、二列中，A真而E假，第五列中，E真而A假，第三、四列中，A与E均为假，因此，A与E两个判断具有反对关系。

3. 下反对关系

存在于I与O两个判断之间。具有下反对关系的判断，可以同真，不可同假。上表第五列中，I假而O真，第一、二列中，O假而I真，第三、四列中，I与O均真。因此，I与O具有下反对关系。

4. 差等关系

分别存在于A与I、E与O两对判断之间。具有差等关系的两个判断，可以同真，而不必然同真，可以同假，而不必然同假。上表第一、二列中，A真I也真，第五列中，I假A也假，但第三、四列中，A假而I真，这就是说，当A真时，I必真，A假时I可能真，也可能假；反之，当I假时，A必假，I真时，A可能真，也可能假。同理，E与O的关系也是如此。

上述这四种对当关系可以用一个正方图形表示，这就是传统逻辑所说的"逻辑方阵"。

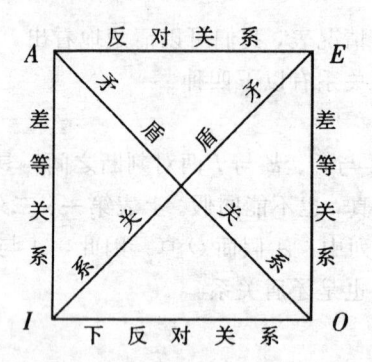

```
          反 对 关 系
    A ┌─────────────┐ E
      │ ╲    矛   ╱ │
    差 │  ╲  盾   ╱  │ 差
    等 │   ╲ 关  ╱   │ 等
    关 │    ╲  ╱     │ 关
    系 │     ╲╱      │ 系
      │    ╱  ╲      │
      │   ╱关  ╲     │
      │  ╱  系  ╲    │
    I └─────────────┘ O
          下 反 对 关 系
```

应当注意的是，逻辑方阵图中的 A 与 E 不包括单称判断。单称肯定判断"这个 S 是 P"与单称否定判断"这个 S 不是 P"是矛盾关系，而不是反对关系。

（二）根据对当关系的推理的种类和形式

根据 A、E、I、O 之间的上述四种对当关系，我们可以进行对当关系的直接推理。

1. 根据矛盾关系的推理

A 与 O、E 与 I 之间，既然是不能同真，也不能同假的矛盾关系，那么，我们从已知一真，就能推出另一必假；从已知一假，又能推出另一必真。我们用"⊢"表示推出关系，用否定符号"¬"表示断定一个判断为假，根据矛盾关系的推理有如下八个公式：

(1) $SAP \vdash \neg SOP$

(2) $\neg SAP \vdash SOP$

(3) $SOP \vdash \neg SAP$

(4) $\neg SOP \vdash SAP$

(5) $SEP \vdash \neg SIP$

(6) $\neg SEP \vdash SIP$

(7) $SIP \vdash \neg SEP$

(8) $\neg SIP \vdash SEP$

第 (1)、(2) 式的推理，例如：

所有的商品都有使用价值，
——————————————
所以，并非有的商品没有使用价值。

并非人都是自私的，
——————————————
所以，有的人不是自私的。

其他几个公式的推理例子，读者可以试着自举。

2. 根据反对关系的推理

A 与 E 具有反对关系。因为它们不能同真，所以，我们由已知一真，就能推出另一必假；又因为它们可以同假，所以，当已知一假时，不能推知另一个的真假。根据反对关系的推理有如下两个公式：

（1）$SAP \vdash \neg SEP$

例如：所有公民都有受教育的权利，
——————————————
　　　所以，并非所有公民没有受教育的权利。

（2）$SEP \vdash \neg SAP$

例如：所有的人都不是生而知之的，
——————————————
　　　所以，并非所有的人都是生而知之的。

3. 根据下反对关系的推理

I 与 O 具有下反对关系。两者不能同假，可以同真。因此，已知一假，就能推出另一必真；而已知一真，却不能推知另一个的真假。根据下反对关系的推理有如下两个公式：

（1）$\neg SIP \vdash SOP$

例如：并非有的甲班学生是运动员，
——————————————
　　　所以，有的甲班学生不是运动员。

（2） $\neg SOP \vdash SIP$

例如：并非有的运动不是消耗能量的，

所以，有的运动是消耗能量的。

4. 根据差等关系的推理

A 与 I、E 与 O 是差等关系。如果 A 真，则 I 必真；如果 E 真，则 O 必真；如果 I 假，则 A 必假；如果 O 假，则 E 必假。因此，根据差等关系的推理有如下四个公式：

（1） $SAP \vdash SIP$

例如：所有的恒星都是发光体，

所以，有的恒星是发光体。

（2） $SEP \vdash SOP$

例如：甲厂所有产品都不是优质产品，

所以，甲厂有些产品不是优质产品。

（3） $\neg SIP \vdash \neg SAP$

例如：并非有的铅笔是用铅做的，

所以，并非所有铅笔都是用铅做的。

（4） $\neg SOP \vdash \neg SEP$

例如：并非有的麻雀不会飞，

所以，并非所有麻雀都不会飞。

综上所述，根据对当关系的直接推理一共有四类十六种有效式。

（三）根据对当关系的直接推理必须满足的条件

根据对当关系的直接推理的有效性必须满足以下条件：

第一，必须是同素材。

根据对当关系的直接推理的前提与结论必须由主项、谓项都相同的判断充当，不同素材的判断之间没有逻辑上的真假制约关系，因此，不能进行对当关系的直接推理。

第二，主项所反映的应当是现实中存在的对象。

上面我们所说的根据对当关系的直接推理是以主项所反映的对象确实存在为前提条件的。如果主项 S 所表示的事物不存在，对当关系的推理就不能成立了。例如：

有的鬼是红头发的。

有的鬼不是红头发的。

这两个判断，前者是 SIP，后者是 SOP。根据下反对关系，二者必有一真。但实际上，二者都是假判断，因为事实上鬼并不存在。同理，根据矛盾关系，当"有的鬼不是红头发的"（SOP）为假时，"所有的鬼都是红头发的"（SAP）必定是真的。但事实上，"所有的鬼都是红头发的"也是假判断。

第三，结论应由前提必然地推出。

根据对当关系的直接推理属于演绎推理，而演绎推理是必然性推理，前提应当蕴涵结论，所以，只有从前提能必然地推出结论的，才是有效的，否则，就不是有效的。例如：SAP 与 SIP 具有差等关系，如果 SAP 假，则 SIP 真假不定；如果 SIP 真，则 SAP 真假不定。因此，不能由 SAP 假，必然地推出 SIP 假的结论，也不能由 SIP 真，必然地推出 SAP 真的结论。SEP 与 SOP 之间的关系也是如此。

二、判断变形的直接推理

判断变形的直接推理，就是通过改变前提判断的形式，从而推出结论的直接推理。

判断变形的直接推理有换质推理、换位推理和换质位推理。

（一）换质推理

换质推理是从肯定的前提推出否定的结论，或从否定的前提推出肯定的结论的直接推理。例如：

① 所有流体都是没有固定形状的，

所以，所有流体都不是有固体形状的。

② 有的星球不是肉眼所能看到的，

所以，有的星球是肉眼所不能看到的。

这里例①前提是肯定判断（SAP），换质后，得出的结论是个否定判断（$SE\overline{P}$）；例②前提是否定判断（SOP），换质后，得出的结论是肯定判断（$SI\overline{P}$）。

换质推理的规则有两条：

规则1. 改变作为前提的判断的质（联项），而不改变其主、谓项的位置。

规则2. 结论的主项与前提的主项相同，而结论的谓项应是前提的谓项的矛盾概念。

根据以上规则，A、E、I、O四种判断都可以进行换质推理：

1. A判断的换质推理

$SAP \vdash SE\overline{P}$

例如：所有共青团员都是青年，

所以，所有共青团员都不是非青年。

2. E判断的换质推理

$SEP \vdash SA\overline{P}$

例如：死读书不是正确的读书方法，

所以，死读书是不正确的读书方法。

3. I判断的换质推理

$SIP \vdash SO\overline{P}$

例如：有的固体是能溶解于水的，

所以，有的固体不是不能溶解于水的。

4. O 判断的换质推理

$SOP \vdash SI\overline{P}$

例如：有的到会者不是本单位工作人员，

所以，有的到会者是非本单位工作人员。

换质推理的前提与结论同真同假，前提蕴涵结论，结论也蕴涵前提。因此，二者可以互推。这就是说，如果将前提与结论互换，它们之间仍然具有推出关系。

换质推理在思维与语言中的运用：

第一，换质推理的前提和结论是从正反两个方面对同一对象作出断定，这使我们对同一事物的认识更全面、更深刻。例如："沙漠是可以征服的，所以，沙漠不是不可征服的。"这个换质推理，在前提中断定了"沙漠是可以征服的"之后，进一步推出"沙漠不是不可征服的"，这对我们的认识来说是一个深化。前一个判断指出了征服沙漠的可能性，而后一个判断则进一步强化"沙漠不是不可征服的"，这就更加增强了人们改造沙漠的信心，并且还可以直接反驳"沙漠不可征服"的悲观论点。

第二，在说话写文章时，可以根据不同语言环境的需要，变换使用以换质推理形成的不同语句，使语言委婉多变或坚决有力，以增强表达效果。例如："我不是不赞成这个观点"较之"我赞成这个观点"，前者较委婉，往往暗示在赞成之中尚有某些保留。又如，"你不是不知道学校有这个规定"用双重否定强调"你是知道学校有这个规定的"，语气更为有力。

（二）换位推理

换位推理是通过交换前提中主项和谓项的位置，从而推出结

论的直接推理。例如:

① 凡行星都不是发光体,
   ─────────────────
   所以,凡发光体都不是行星。

② 有机物都是含碳的化合物,
   ───────────────────
   所以,有的含碳的化合物是有机物。

以上两例都是换位推理。其中前提判断的主项"行星"、"有机物"分别成了结论判断中的谓项;前提判断的谓项"发光体"和"含碳的化合物"分别成了结论判断的主项。

换位推理的规则也有两条:

规则 1. 只改变主项与谓项的位置,不改变联项。

规则 2. 前提中不周延的项,换位后,在结论中不得周延。

根据以上两条规则,A、E、I 三种判断可以进行换位推理,O 判断则不能进行换位推理。

1. A 判断的换位推理

$SAP \vdash PIS$

例如:犯罪行为都是违法行为,
     ─────────────────────
     所以,有的违法行为是犯罪行为。

A 判断的谓项是不周延的,换位后作结论的主项,根据换位推理的第二条规则也只能是不周延的。因此,结论就只能是 I 判断。如果 A 判断换位后仍是 A 判断,前提中不周延的项,在结论中周延了,结论超出了前提的范围,就不能保证从真前提推出真结论,违反了演绎推理的要求。相反,A 判断主项周延,换位后成为 I 判断的谓项,却是不周延的,这并不违反推理规则,结论并没有超出前提的范围。总之,A 判断只能进行限制换位,否则,就会犯逻辑错误。例如:

① 凡改革家都是有创新意识的，

　　所以，有创新意识的都是改革家。

② 真理是有用的，

　　所以，有用的是真理。

上面这两个推理，前提都是 A 判断，其谓项都不周延，换位后，成了全称判断的主项，就周延了，违反了换位推理的规则，因此，这两个推理都是错误的。

2. E 判断的换位推理

　　$SEP \vdash PES$

例如：所有本校学生都不是市足球队队员，

　　　所以，所有市足球队队员都不是本校学生。

E 判断主项、谓项都周延，换位后仍然得 E 判断，主项、谓项也都是周延的，前提与结论同真同假，二者可以互推。

3. I 判断的换位推理

　　$SIP \vdash PIS$

例如：有的经济作物是高产作物，

　　　所以，有的高产作物是经济作物。

I 判断主项、谓项都不周延，换位后得到的仍为 I 判断，主项、谓项也都不周延，前提与结论同真同假，二者也可以互推。

O 判断不能进行换位推理。因为 O 判断的主项是不周延的，如果换位，前提中的主项作为结论中 O 判断的谓项就是周延的，这样，就违反了换位推理的第二条规则。例如，不能由"有些鸟不是益鸟"，通过换位推理得到"有些益鸟不是鸟。"

换位推理在思维与语言中的运用：

第一，换位推理可以帮助我们改变思考对象，揭示前提中隐含的思想。如"知识不是先天具有的",这是以"知识"为思考对象,断定其不具有"先天具有的"的属性;而将其换位后,判断对象变为"先天具有的"了。换位后形成的新判断,虽是前提中蕴涵的,但思考的重点发生了变化,这使我们能进一步理解蕴涵于前提判断中的思想,得到新的启示。

第二,在语言表达上,运用换位推理可以收到回环反复的修辞效果。例如:

真金不怕火,怕火非真金。
假的真不了,真的假不了。
好话不背人,背人没好话。
难者不会,会者不难。
来者不善,善者不来。
…………

这些回环句式都是运用换位法构成的。

(三)换质位推理

换质位推理就是把换质和换位交替运用的直接推理。在推理过程中,应分别遵守换质推理和换位推理的规则。

常见的换质位推理是先换质,再换位,所得结论的主项为前提中谓项的矛盾概念。A、E、O 三种判断可以进行这种换质位推理。

1. A 判断的换质位推理

$SAP \vdash SE\overline{P} \vdash \overline{P}ES$

如:好孩子是不说谎的,
────────────
所以,说谎的不是好孩子。

这里,从 SAP 推出 $\overline{P}ES$,省略了中间一步:"好孩子不是说谎的"($SE\overline{P}$)。

2. E 判断的换质位推理

$SEP \vdash S A \overline{P} \vdash \overline{P} I S$

如：自行车不是机动车，

所以，有的非机动车是自行车。

这里，从 SEP 推出 $\overline{P}IS$，也是省略了中间一步："自行车是非机动车"（$SA\overline{P}$）。

3. O 判断的换质位推理

$SOP \vdash SI\overline{P} \vdash \overline{P}IS$

如：有些诗歌不是讲平仄的，

所以，有些不讲平仄的（作品）是诗歌。

这里，中间省略的是："有些诗歌是不讲平仄的"（$SI\overline{P}$）。

I 判断不能先换质再换位，因为 SIP 换质得 $SO\overline{P}$，而 O 判断不能换位。

换质位推理在思维与语言中的运用：

第一，因为换质位推理兼有换质推理和换位推理的特点，所以，在日常思维与语言运用中，它既可以改变认识和说明的对象，又可以多方面地揭示对象之间的联系和区别，使我们更全面更深刻地理解一个对象。例如，我们以"一切液体都是有弹性的物体"作为前提，通过换质位推理，可以推出结论："一切无弹性的物体都不是液体。"这个推理不仅变换了思考的对象，而且从正反两个方面去认识事物，从而使人获得一定程度的新的知识。

第二，在语言表达上，换质位推理是变换句式的一个重要手段。如"铁是能被磁铁吸引的"换质位为"不能被磁铁吸引的不是铁"，新判断更生动、更有力地表达了原判断所隐含的思想。

第三节　三段论

一、三段论概述

1. 什么是三段论

三段论是由两个包含着共同项的性质判断推出一个新的性质判断的演绎推理。例如：

① 凡真理是不怕批评的，
　　马克思主义是真理，
　　―――――――――――
　　所以，马克思主义是不怕批评的。

② 所有的商品都是为交换而生产的劳动产品，
　　有些住房是商品，
　　――――――――――――――――――――
　　所以，有些住房是为交换而生产的劳动产品。

这两个推理都是三段论。例①中，两个性质判断前提包含着一个共同项"真理"；例②中，两个前提的共同项是"商品"。不难发现，三段论的实质就是通过两个前提的共同项的联系作用，确定另外两个项之间的逻辑关系，从而推出结论。

任何三段论都包含三个概念，每个概念各被使用两次。

在前提中出现两次，在结论中不出现的概念称为中项；结论中的主项叫小项；结论中的谓项称为大项。例①中的"真理"是中项，"马克思主义"是小项，"不怕批评的"是大项。例②中，小项是"住房"，大项是"为交换而生产的劳动产品"，中项是"商品"。

三段论的两个前提中，含有大项的叫大前提，含有小项的叫小前提。

我们把大项用字母 P 表示，中项用 M 表示，小项用 S 表示。例①的逻辑形式可以表示如下：

所有 M 都是 P
所有 S 都是 M
―――――――――
所以，所有 S 都是 P

也可以简写为：

$M A P$
$S A M$
―――
$S A P$

例②的逻辑形式是：

所有 M 都是 P
有些 S 是 M
―――――――――
所以，有些 S 是 P

也可以简写为：

$M A P$
$S I M$
―――
$S I P$

2. 三段论的公理

三段论之所以能从两个前提必然地推出结论，是因为有其客观基础，即客观事物存在的一般和个别之间的必然联系，这种必然联系可以表述为三段论公理：

凡对一类事物的全部有所肯定或否定，则对该类事物中的部分或个别对象也有所肯定或否定。

这个公理可用下面三个图表示：

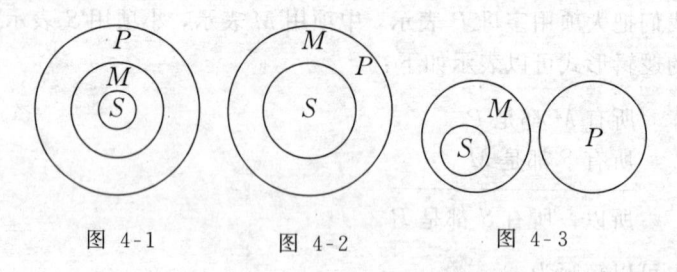

图 4-1　　　　图 4-2　　　　图 4-3

图 4-1、图 4-2 表示 M 类全部都是 P，S 是 M 类中的一部分或个别对象，S 当然也是 P；图 4-3 表示 M 类全部都不是 P，S 是 M 类中的一部分或个别对象，S 当然也不是 P。

图 4-1 的情况，如下例：

> 所有的矩形都是平行四边形，
> 所有的正方形都是矩形，
> ─────────────────
> 所以，所有的正方形都是平行四边形。

既然所有的矩形都具有平行四边形的性质，而正方形作为矩形这个类中的一部分，当然也具有平行四边形的性质。

图 4-3 的情况，如下例：

> 所有的改革都没有固定的模式，
> 我国目前的改革是改革，
> ─────────────────
> 所以，我国目前的改革也没有固定的模式。

既然所有的改革都没有固定的模式，我国目前的改革作为改革的一种，当然也就没有固定的模式了。

三段论的形式有许多种，但它们都是建立在三段论公理所揭示的上述简单关系之上的。

二、三段论的一般规则

三段论公理是三段论赖以成立的基本依据,但依据三段论公理难以直接判定一个三段论是否有效。为此,还需要制定一些规则,使之成为判定三段论有效性的标准。

三段论的一般规则共有七条,前三条是关于项的规则,后四条是关于前提与结论关系的规则。

规则1. 在一个三段论中,有并且只能有三个项。

在一个三段论中,必须有三个项,少于三个项,不能构成三段论。但如果出现了四个项,通常是中项概念不同一,那么大项与小项失去了与它们共同联系的中项,二者之间的关系就无法确定,这样,就无法得出必然性的结论。这种逻辑错误称为"四概念"或"四项"的错误。

造成"四概念"错误的原因很多,有的是混淆了同一语词的集合用法和非集合用法。例如:

我国的大学是分布于全国各地的,
南京师范大学是我国的大学,

所以,南京师范大学是分布于全国各地的。

这里,"我国的大学"在大前提中是表示我国所有大学的总体,是一个集合概念。而在小前提中,它可以分别指我国大学中的某一所大学,是一个非集合概念,因此,它在两次使用中,实际上表示着两个不同的概念。

造成"四概念"错误的原因,有的是混淆了两个形式不同而语义上有联系的语词。例如:

> 砒霜是会毒死人的,
> 这种药含有砒霜,
> ——————————————
> 所以,这种药是会毒死人的。

这里,"砒霜"和"含有砒霜"虽然有密切的联系,但毕竟是两个不同的语词,表达的是不同的概念。

规则 2. 中项在两个前提中必须至少周延一次。违反这条规则,就要犯"中项两次不周延"的错误。

在三段论中,中项是联结大、小项的媒介。如果中项两次都不周延,就是说,中项在两个前提中都没有被断定全部外延,就有可能大项与中项的这一部分外延发生联系,小项与中项的另一部分外延发生联系,这样,就不能通过中项的媒介作用来确定小项和大项之间的关系,因此,不能推出合乎逻辑的结论。例如:

> 不少师范毕业生是为国家作出了突出贡献的,
> 某人是师范毕业生,
> ——————————————
> 所以,某人是为国家作出了突出贡献的。

这里,中项"师范毕业生"在两个前提中都不周延,因此,它在大项与小项之间不能起媒介作用,我们无法通过中项来确定大项"为国家作出了突出贡献的"与小项"某人"的联系,不能必然地推出"某人是为国家作出了突出贡献的"这一结论。

规则 3. 前提中不周延的项在结论中不得周延。违反这条规则,就要犯"大项扩大"或"小项扩大"的错误。

大项或小项如果在前提中不周延,即没有被断定全部外延,而在结论中周延了,即在结论中被断定了全部外延,那么,结论所断定的就超出了前提的范围,这样,结论就不具有必然性。例如:

> 所有党员都是参加义务劳动的,
> 有的人不是党员,
> ─────────────────
> 所以,有的人不是参加义务劳动的。

这个三段论的大前提是肯定判断,其谓项不周延;而结论则是否定判断,否定判断的谓项是周延的。这样,大项"参加义务劳动的"在前提中不周延而在结论中却周延了,犯了"大项扩大"的逻辑错误。

"小项扩大"的例子,如:

> 中国是发展中国家,
> 中国是亚洲国家,
> ─────────────────
> 所以,亚洲国家都是发展中国家。

这里,小前提是 A 判断,小项"亚洲国家"作谓项,它是不周延的;结论也是 A 判断,小项为主项,它是周延的。这样,就违反了本条规则。只有把结论改成特称判断"有的亚洲国家是发展中国家",推理才能成立。

规则 4. 两个否定前提不能推出结论。

否定判断断定的是主项至少有一部分外延与谓项相排斥。如果两个前提都是否定的,那么,大前提断定大项与中项至少有一部分外延相排斥,小前提又断定小项与中项至少有一部分外延相排斥。这样,中项就不能起到媒介作用,大小项之间的关系也就无法确定,因此,不能必然地推出结论。例如:

> 小学生没有学过逻辑,
> 我们不是小学生,
> ─────────────────
> ?

从这两个前提中得不出小项"我们"与大项"学过逻辑"之间的

必然联系。

规则 5. 如果前提中有一个否定判断,那么,结论必为否定判断;如果结论是否定判断,那么,前提中必有一个否定判断。

如果前提中有一个是否定的,则另一个必须是肯定的,因为两个否定前提不能推出结论。否定前提断定中项和大项、小项中的一个相排斥,肯定前提断定中项和另一个项相结合,这样,大项、小项之间至少有一部分外延相排斥。因此,结论必然是否定的。

如果结论是否定的,则一定是由于大项、小项中有一个和中项结合,另一个和中项排斥,大项或小项同中项排斥的那个前提就是否定的,所以,结论否定,前提中必有一个是否定的。例如:

> 凡不爱运动的都不是校运动队队员,
> 有的女学生是不爱运动的,
> ───────────────
> 所以,有的女学生不是校运动队队员。

这里,大前提是否定判断,它断定了中项"不爱运动的"与大项"校运动队队员"的外延相排斥,小前提是肯定判断,它断定小项"女学生"的外延至少有一部分包含在"不爱运动的"的外延之中,这就必然推出"女学生"的外延至少有一部分与"校运动队队员"的外延相排斥,因此,结论必然是否定的。再如:

> 凡校运动队队员都是爱运动的,
> 有的女学生不是爱运动的,
> ───────────────
> 所以,有的女学生不是校运动队队员。

这一例大前提是肯定判断,它断定大项"校运动队队员"的全部外延包含在中项"爱运动的"之中,小前提是否定判断,它断定小项"女学生"的外延至少有一部分与中项"爱运动的"相排斥,这也必然推出"女学生"的外延至少有一部分与"校运动队队员"的外延相排斥,因此,结论也是否定的。反过来说,当结论为否定判断时,两个前提的组合也必定是以上两种情况之一。

规则6. 两个特称前提不能推出结论。

两个前提都是特称,不外乎这样三种情况:两个都是 I 判断;两个都是 O 判断;一个是 I 判断,一个是 O 判断。在这三种情况下,都不能推出结论。

如果两个前提都是 I 判断,那么,前提中没有一个项是周延的,中项也不例外。这就违反了"中项在前提中至少要周延一次"的规则。所以,这种情况下不能推出结论。

如果两个前提都是 O 判断,根据规则4,两个否定的前提不能推出结论。

如果一个前提是 I 判断,另一个是 O 判断,那么,前提中只有 O 判断的谓项周延。根据规则2,中项在前提中至少要周延一次。否则,会犯"中项两次不周延"的错误。又根据规则5,前提中有一否定判断,结论必然是否定的。结论是否定的,大项在结论中就是周延的。根据规则3,大项在前提中也应当是周延的,否则,又要犯"大项扩大"的错误。可是由于前提中只有一个项周延,不可能同时满足大项与中项周延的要求,因此,这个三段论不是犯"中项两次不周延"的错误,就是犯"大项扩大"的错误,总之,不能推出必然的结论。

以上三种情况表明:两个特称前提推不出结论。

规则7. 如果前提中有一个是特称的,那么,结论必定是特称的。

根据规则6,如果两个前提中有一个是特称的,那么,另一个应当是全称的。它们的组合不外乎这样四种情况:第一种,A 判断和 I 判断;第二种,A 判断和 O 判断;第三种,E 判断和 I 判断;第四种,E 判断和 O 判断。

如果是第一种情况,一个前提是全称肯定判断,另一个为特称肯定判断,两个前提中只有一个周延的项,根据规则2,它只能做中项,因此小项必为不周延;根据规则3,前提中不周延的小项,在结论中不得周延,小项是结论的主项,这样,结论必然是特称的。

如果是第二种情况,一个前提是全称肯定判断,另一个前提为特称否定判断,前提中有两个周延的项,根据规则2,其中一个周延的项必须做中项。根据规则5,这两个前提推出的结论应当是否定的,大项在结论中周延,根据规则3,大项在前提中也必须是周延的。这样,前提中两个周延的项,一个是中项,另一个是大项,那么,小项在前提中就是不周延的,根据规则3,小项在结论中也不得周延,所以,结论必然是特称的。

第三种情况与第二种情况类似。一个前提为全称否定判断,另一个为特称肯定判断,前提中也有两个周延的项,其中一个必须是中项,另一个应是大项。这样,小项在前提中不周延,在结论中也不应周延,所以,结论必然是特称的。

第四种情况,一个前提是全称否定判断,另一个是特称否定判断,根据规则4,两个否定前提是推不出结论的。

综上所述,如果前提中有一个是特称的,结论必然是特称的。

三、三段论的格与式

1. 三段论的格

三段论的格,是指由于中项在前提中位置不同而形成的三段论的不同形式。

三段论共有以下四个格:

第一格:中项在大前提中是主项,在小前提中是谓项。其形式如下:

$$M \longrightarrow P$$
$$S \longrightarrow M$$
———————
$$S \longrightarrow P$$

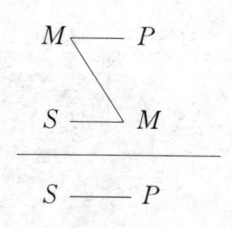

例如：

  所有的有机体都具有感应性，
  最低等的植物也是有机体，
  ————————————————
  所以，最低等的植物也具有感应性。

第一格的特殊规则是：

规则(1) 小前提必须肯定；

规则(2) 大前提必须全称。

三段论各格的特殊规则是三段论一般规则的具体体现，因此，可用一般规则证明各格的规则。第一格的特殊规则证明如下：

  证明(1) 小前提必须肯定：如果小前提是否定的，那么，根据规则4，大前提应是肯定判断，而根据规则5，其结论必为否定判断，这样，大项在结论中是周延的。但是，大项在前提中是肯定判断的谓项，不周延，这就违反了规则3，犯了"大项扩大"的错误。如要使大项在前提中周延，大前提必须是否定的，这又违反了规则4，推不出必然的结论。所以，小前提必须是肯定的。

  证明(2) 大前提必须全称：由于小前提是肯定的，中项在小前提中是肯定判断的谓项，所以，是不周延的。根据规则2，大前提中的中项必须周延，而中项在大前提中处于主项的位置，所以，大前提必须是全称的。

  第二格：中项在大小前提中都是谓项。其逻辑形式如下：

$$P \quad M$$
$$S \quad M$$
$$\overline{S \quad P}$$

例如：

所有的金属都是导电体，
这个物体不是导电体，

所以，这个物体不是金属。

第二格的特殊规则是：

规则(1) 前提中必须有一个否定；

规则(2) 大前提必须全称。

证明(1) 前提中必须有一个否定：由于中项在两个前提中都是谓项，如果两个前提都是肯定的，那么，中项就两次都不周延，这样，就违反了规则2。所以，前提中必须有一个是否定的。

证明(2) 大前提必须全称：由于前提中有一个是否定的，根据规则5，其结论必然也是否定的，这样，大项在结论中就是周延的。根据规则3，大项在大前提中也必须周延，而大项在前提中是主项，所以，大前提必须是全称的。

第三格：中项在两个前提中都是主项。其逻辑形式如下：

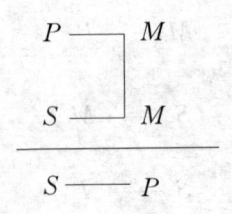

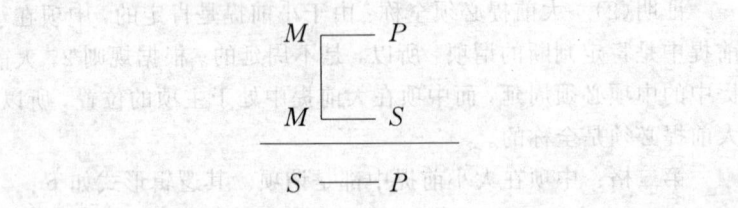

$$M \quad P$$
$$M \quad S$$
$$\overline{S \quad P}$$

展的基本动力,这当然是荒谬的,因为人类社会与生物界是两个完全不同的领域,有着本质的区别。

最后,还需要指出,类比推理与比较、比喻是不同的。比较是辨认对象之间的相同或不同之处;类比推理则是在比较的基础上对被研究对象的某种未知情况作出推断。可以说,比较是类比推理的基础,而类比推理则是在比较基础上进一步探求新知。如果思维过程仅仅停留在有关被研究对象之间的相同或不同之处的材料的整理上,而不作进一步的推导,那么它就只是比较,而不是类比推理。比喻是一种修辞手法,其目的在于用形象、生动的事物来形容说明较为抽象的事物,使人易于理解和接受,并不要求推导新知,也不具备这方面的功能;比喻的基础是事物之间的相似点,只要适合语境,一个相似点就可构成比喻,而并不要求有更多的相似点,也不要求这个相似点和事物的某个本质属性相关联。例如,在说明地球内部构造时,人们常用煮熟的鸡蛋的蛋黄、蛋白和蛋壳来形容地核、地幔和地壳,这就是比喻,而不是类比推理。

第二节 假 说

一、什么是假说

假说又叫假设,是以已有的事实材料和科学原理为依据对未知的事实或规律作出的推测性说明或解释。

人们对客观事物及其规律的认识,总是要经历一个由现象到本质的曲折复杂过程。一个正确的认识并不是一下子就能形成的。在探索新知的过程中,人们经常根据已经掌握的一些事实材料和现有的相关科学原理,经过一定程序的逻辑思维,对所研究的对象作出推测性的断定。这种推测性断定在真实性、正确性尚未被最终确认之前,就称为假说。

例如,有一年夏天,某国境内蝉的数量大大超过往年,不仅蝉声大噪,昼夜烦人,而且树木也因汁液被大量吸食而显得枯萎。为什么会一下子出现这么多的蝉?科学家经研究发现,蝉的一生分为卵、幼虫、蛹和成虫四个阶段。在蝉生命周期的四个阶段中,前三个阶段都是蛰伏于地下,只有到最后阶段,成虫才钻出地面寻找配偶交配,然后产卵死去。蝉的生命周期一般较长,该国有一种蝉的生命周期为17年,而当年恰好是这种蝉生命周期的最后一年,所以有无数的成虫破土而出,形成所谓"大年"。科学家还发现,该国还有一种蝉,其生命周期为13年。问题看来是解决了,但细心的科学家注意到"17"和"13"两个数都是质数,于是产生疑问:为什么蝉的生命周期偏偏是质数呢?这个在一般人看来似乎荒唐可笑的问题却引起了科学家的重视,因为许多类似的自然现象实际上是客观规律的反映。科学家经过仔细研究,认为"17"和"13"这两个质数并不是毫无意义的选择,而是蝉生存及种族繁衍的需要。这是因为,在漫长的生命周期中,蝉得见天日的时间既短暂又关键,为了好好地利用这宝贵的生命最后一刻,蝉必须选择一个它的天敌和其他竞争对手最少的时机问世;而它的天敌和竞争对手有着不同的生命周期:1年、2年、3年、4年等,各种年限都有,于是,除1和本身之外不能被其他任何整数整除的质数就成了蝉生命周期的最佳选择,因为此时出土碰上天敌及竞争对手的概率是最低的。当然,蝉不懂数论,更不会自己选择生命周期,它的生命周期与数论原理相符合恰恰反映生物进化的自然选择规律。太古时期,蝉的祖先可能具有包括1年、2年、3年,以至17年、18年在内的各种不同的生命周期,经过漫长的进化过程,那些生命周期不适于生存竞争的蝉被自然淘汰了,剩下的便是少数以质数为生命周期的现有品种。科学家对蝉的生命周期为何是质数这个问题的说明和解释,就是一种假说。

假说有以下几个方面的特点:

第一,科学性与假定性的统一。假说是以客观事实和科学知识为根据,并经过一定的逻辑推论得出的,它既不同于毫无事实根据的宗教迷信、无知妄说,也不同于缺乏科学论证的简单猜测和幻想。假说是人类认识世界的一种能动性表现,是科学发展的普遍形式。假说又具有猜想、推测的性质,与确已证实的科学理论(如定律、原理)是不同的。任何假说都是对未知的某种现象或某种规律性的猜想,它是否正确,还有待于验证。

第二,解释性与预见性的统一。一个假说必须能对有关事实给予合理的解释。一个假说能够解释的事实越多,就表明支持该假说的证据越多,该假说的意义也就越重大。不仅如此,一个假说还必须尽可能多地预测未知的事实;假说所预见的事实被证实,是对该假说最有力的支持,也是该假说价值的最有力的体现。

第三,继承性与变革性的统一。在许多情况下,假说是某个领域中原有理论中断和延续的统一。它既不违背该领域中已被确认的科学理论,同时又是对传统观念的变革,和原有理论相比,具有一定的进步性。假说是科学认识中形成理论体系的必经阶段,也是一个理论发展到另一个理论的桥梁,因此假说总是相对的、易变的,在实践的检验中不断被修改、补充、更新和完善,经过这样的循环往复、破旧立新,人的认识就会更全面、更正确地反映客观世界。

二、假说的形成

假说的形成是一个较为复杂的创造性思维过程。不同领域、不同性质的假说,其形成的方式也是有所不同的。就一般情况而言,一个完整、成熟的假说,大致要经历两个基本阶段:即假说的初步提出阶段和假说的基本完成阶段。下面试以在地球物理学界产生过重大影响的"大陆漂移说"的形成过程为例来加以说明。

第一阶段,是假说形成的初始阶段。在这个阶段中,根据为数不多的事实材料和已有的还不能充分解释被观察到的事实的有关科学原理,经过思维加工,提出初步的假定。例如,17世纪以来,已有许多学者发现了非洲西部的海岸线与南美洲东部的海岸线彼此吻合的事实,尽管隔着宽阔浩淼的南大西洋,但两岸各自的突出部分和凹进的海湾都遥相呼应。甚至用罗盘仪在地球仪上测量,也会发现双方的大小都有着惊人的一致。北半球的情形也是如此:如果把北美洲东海岸和格陵兰拼在一起,就能进一步与欧洲连成一片。当时已有的地质科学理论还不能解释这些看似巧合的事实。德国学者魏格纳想得更深,他认为这些现象并不是偶然巧合,而是必有原因的。魏格纳依据当时已知的力学原理和地质学理论对所收集到的地形、地质、气候等方面的材料加以分析、比较,经过深入的思考,初步勾勒出一个设想,即现有的各大陆原先很可能是合在一起的一整块大陆,后来由于这块大陆破裂后漂移,才形成目前的格局。按魏格纳的设想,破裂的大陆块彼此漂移分开,就像漂浮的冰山一样逐步远离开来。于是,在1912年,魏格纳发表《大陆的生成》一文,开始提出大陆漂移的观点。这是假说形成的第一阶段。

在形成假说的初始阶段里,初步提出的假说具有明显的尝试性和暂时性;其内容还比较简单,不够深刻,必须经历第二阶段,才能使之完善。

第二阶段,是假说形成的完成阶段。在这个阶段中,要从已确立的初步假定出发,经过事实材料和科学原理的广泛论证,使假说成为一个内容充实、逻辑严谨和结构稳定的系统。例如,在发表《大陆的生成》一文后,魏格纳以大陆漂移这一假定为中心,广泛收集材料并对其作出合理的解释说明,获得了支持假说成立的大量证据。如各个大陆块可以像拼板玩具那样拼合起来,它们边缘之间的吻合程度是非常高的,这是大陆漂移的几何拼合证据;

大西洋两岸以及印度洋两岸彼此相对地区的地层构造相同，这是大陆漂移的地质证据；大西洋两岸的古生物种（植物化石和动物化石）几乎完全相同，还有大量的古生物种属（化石）是各大陆都相同的，这是大陆漂移的古生物证据；留在岩层中的痕迹表明，在35000万年前到25000万年前之间，今天的北极地区曾经一度是气候炎热的沙漠，而今天的赤道地区曾经为冰川所覆盖，这些陆块古时所处的气候带与现今所处的气候带恰好相反，这是大陆漂移的古气候证据，等等。在充分占有地球物理学、地质学、古生物学、古气候学、大地测量学等学科材料，对大陆漂移的初步假定作了广泛严谨的论证之后，该假说基本完成，已成为较为严谨的学说，其标志就是在1915年出版的《海陆的起源》。在这本书里，魏格纳进一步明确了大陆漂移说的核心设想，即在地质时代的过程中大陆块有过巨大的水平运动，这个运动直至今日还可能在继续进行着。按这一设想，魏格纳预言大西洋两岸的距离正在逐渐增大，格陵兰由于继续向西移动，它与格林威治之间的经度距离正在增大。至此，魏格纳完成了假说形成的第二阶段。

第二阶段结束后，假说应当具备较为完整的理论形态，建立起逻辑系统，使其理论观点简明而严谨。只有这样，一个假说才基本完成。

三、假说的验证

假说的验证就是通过社会实践或科学实验来验证由假说推出的结论是否符合实际情况，从而对假说作出评价。假说的验证也是一个极为复杂的过程。这个过程并不是在假说创立之后才开始的，而是在假说的形成中就往往伴随着相关的检验。在假说形成的不同阶段，其验证的意义也是不同的。假说初步提出和基本完成阶段中所进行的某个或某些验证，其主要目的是为了明确思路、修正调整，使初步的设想逐渐完整、合理，假说基本成立。而假说创立之后的验证才是具有决定意义的，只有通过这个阶段的验证，人们才能对假说的真理性给予全面的、严格的评价。

假说的验证方法有多种，必须根据研究对象的特点或性质来决定选择哪一种验证方法。

如果假说的主要内容是关于可以观测或考察到的现象或对象，那就可以采用直接验证的方法。直接验证一般以观测实验或实际考察等形式来进行。例如，19世纪德国动物学家施旺和植物学家施列登分别发现了动物和植物机体都是由细胞组成的；在此之后，施列登又在植物细胞中发现了细胞核。于是，施旺设想，如果动物和植物在本质上有相同点的话，那么动物细胞也应有细胞核。他用显微镜反复观察，果然发现动物细胞中的细胞核，从而证实了这一假说。又如，古人类学家认为在"北京人"与现代人之间缺乏一个衔接环，经研究后，提出一个假设：与"北京人"同期还存在着另一种古人类"智人"；智人比"北京人"更接近现代人类，他们经常闯进"北京人"的领地杀死并吃掉他们，所以在同一堆积层才会有那么多"北京人"骨骼化石出土。这一假说可以通过实际考察的手段来直接验证：假如在相应的堆积层里发现了智人的骨骼化石，那么假说就被证实；假如没有发现，则假说未被证实，假如发现的事物与假说相反，那么该假说就被证伪、被推翻。

如果假说的主要内容是关于事物规律性的陈述，不可能也不必要进行直接验证，那么，就需用间接验证。一般地说，间接验证由如下两个环节构成：

首先，从假说的基本观点出发，结合当时已被人们确认的科学原理，引申出关于某些事实的结论。这其实是一个逻辑推演的过程，可以用公式表示为：

$$\text{如果 } p, \text{ 则 } q$$

其中 p 可以是关于假说基本观点的整体的断定，也可以是关于假说基本观点的部分的断定；q可以是关于已知事实的推论，也可以是关于未知事实的推论。如果假说的基本观点是正确的，那么由它结合当时已有的相关知识所作出的关于事实的推断q也应当是真实的。

然后，通过科学实验或社会实践来检验从假说推演引申出来的结论。这一环节对于假说的验证具有决定的意义。如果假说推演的结论或预见与事实结果一致，假说就在一定程度上得到证实；如果不一致，则假说被否定。由于从某个假说基本观点引申推演出来的结论可以是许多个，所以，在这一环节中要尽可能地验证所有的推论。

下面举例来说明间接验证的过程。

本世纪20年代初，苏联科学家奥巴林提出了地球上的生命是地球表面的无机物通过一系列生命前的化学演化而产生的假说。如果这一假说是正确的，那么，就可以由它推出如下结论：第一，在一定的条件下，无机物小分子能够形成有机小分子；第二，有机小分子能够形成生物大分子；第三，生物大分子能够发展为多分子体系；第四，多分子体系能进化为原始生命。这些都是以假说为前提，逻辑地推演出来的结论。这是间接验证的第一环节。1953年，科学家米勒通过实验对这一假说进行验证。他在一个球形的容器中放入甲烷、氨、水、氢等简单分子来模拟地球原始的还原性大气，在另一连通容器中盛有氨水，以模拟地球的原始海洋。他把氨水加热来模拟原始海洋温度升高时大气中的氨增加，再使这些混合气体受电火花的作用来模拟地球早期的闪电雷击等自然现象；冷却下来一周之后，经过分析，发现容器中确实生成了蚁酸、醋酸、丙酸和更为复杂的氨基酸等有机分子，而氨基酸正是构成蛋白质的基本单位。这便是间接验证的第二环节。此后，又有许多科学家进行了类似的试验，得到了相同或相近的结果，证明无机物确实可以在一定条件下生成有机物。于是，奥巴林关于生命起源的假说在较大的程度上得到了证实。但是，由于实验的手段和结果还存在着一些局限和不足，所以，该假说还不能说已完全得到证实。

假说的验证与假说的形成一样，也是一个非常复杂的过程。对假说的验证，有几个问题值得注意：

第一，对一个假说的验证在确证程度上会有所不同。如果我们仅以假说中的某一部分作为推断的理由，并且从这个理由引申出的结论在实践中得到确证，那么这个假说的可靠性程度并不高。如果以假说的整体或对假说具有决定意义的部分为推断理由，由此引申出的结论在实践中得到确认，那么该假说的可靠程度就比较高。另外，如果从假说中引申出的结论有许多个，其中被证实的越多，那么该假说的确证程度就越高，反之，确证程度就低。

第二，假说的验证具有相对性。作为理论系统的假说，其验证不可能是绝对的、完全的，因为在一定的历史阶段，人类具体的实践活动总是不完备的，受到一定的主客观条件的限制。实践活动具有相对性，因而它对假说的验证也是相对的。某一假说提出后，可能被当时的实践所确证；但是随着科学技术水平的提高和认识的不断深化，使得原来已被确认的假说又被否定，"燃素说"就是如此。反之，有的假说当时被否定，后来又得到确证，这些都是假说验证相对性的反映。

第三，假说验证的完成是个历史过程。

一个假说的真伪往往不是由个别的实践活动就能完全验证的，它的真理性必须在人类社会历史实践的长期考验中逐步得到判定。一个科学假说往往需要不断修正、补充，甚至经过几代人的长期努力才能确立。假说转化为科学理论也是逐步完成的，即使假说已转化为科学理论，它们也是不完全地反映现实的相对真理，在长期实践中将不断受到检验，得到修正、完善和更新，这就是人类认识发展的规律。

例如：

《红楼梦》是优秀小说，
《红楼梦》是古典小说，
_____
所以，有的古典小说是优秀小说。

第三格的特殊规则是：

规则(1)　小前提必须肯定；

规则(2)　结论必须特称。

证明(1)　小前提必须肯定：如果小前提是否定的，根据规则4，大前提必须是肯定判断，大项在大前提中就不周延。根据规则5，结论为否定判断，大项在结论中周延，这样，就会犯"大项扩大"的错误，所以，第三格的小前提必须肯定。

证明(2)　结论必须特称：上面已证明小前提必须是肯定判断，因此，作为小前提谓项的小项不周延。根据规则3，小项在结论中也不得周延，所以，结论必须是特称的。

第四格：中项在大前提中是谓项，在小前提中是主项。其逻辑形式如下：

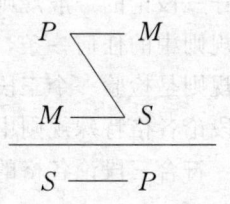

$$P \quad M$$
$$M \quad S$$
$$\overline{}$$
$$S \quad P$$

例如：

所有的正方形都是平行四边形，
所有的平行四边形都是四角形，
_____
所以，有些四角形是正方形。

第四格的特殊规则是：

规则(1)　如果大前提肯定,那么小前提必须全称；

规则(2)　如果小前提肯定,那么结论必须特称；

规则(3)　如果前提中有一否定,那么大前提必须全称。

证明(1)　如果大前提肯定,那么小前提必须全称：大前提肯定,中项在大前提中就不周延,根据规则2,中项在小前提中必须周延,而中项在小前提中为主项,所以,小前提必须是全称的。

证明(2)　如果小前提肯定,那么结论必须特称：既然小前提肯定,那么,作为小前提谓项的小项就是不周延的,根据规则3,小项在结论中也不得周延,所以,结论必须是特称的。

证明(3)　如果前提中有一否定,那么大前提必须全称：在两个前提中,如果有一个否定判断,那么,结论一定是否定的,这样,大项在结论中就是周延的。根据规则3,大项在大前提中也必须是周延的,而大项在大前提中作主项,所以,大前提必须是全称的。

以上三段论各格的特殊规则与三段论的一般规则是一致的,但又是有区别的。一般规则是检验一个三段论是否有效的充分必要条件,也就是说,遵守三段论的一般规则,三段论就一定是有效的。违反三段论一般规则中的任何一条,三段论就一定是无效的。三段论各格的特殊规则是检验一个三段论是否有效的必要条件。也就是说,违反三段论各格特殊规则中的任何一条,三段论就一定是无效的,但是,符合三段论各格的特殊规则,三段论不一定就是有效的。例如：

　　个人主义者都是自私的,

　　有的人是个人主义者,
　　——————————
　　所以,人都是自私的。

这个三段论属于第一格。它不违反第一格的特殊规则,但却是无效的，因为它违反了规则 3，犯了"小项扩大"的错误。

因此，在判定一个三段论是否有效时，必须注意到一般规则和各格特殊规则的上述差别。

2. 三段论的式

三段论的式就是 A、E、I、O 四种判断在前提和结论中的不同组合所形成的不同的三段论形式。例如：

所有的疾病都是有原因的，

所有的肝炎都是疾病，

所以，所有的肝炎都是有原因的。

这个三段论的大、小前提和结论都是 A 判断，因而，它的式就是 AAA 式。式中的字母依次表示大、小前提和结论。

三段论的大前提、小前提和结论都可能是 A、E、I、O 四种判断之一。所以，三段论的每一个格都可以包括 64 个式，这样，四个格共有 256 个式。然而其中大多数是违反三段论规则的无效式。例如：EEE 式、OOO 式、III 式等。排除了所有违反三段论规则的无效式之后，剩下的有效式只有 24 个，这就是：

第一格	第二格	第三格	第四格
AAA	AEE	AAI	AAI
AII	EAE	AII	AEE
EAE	EIO	EAO	EAO
EIO	AOO	EIO	EIO
$[AAI]$	$[AEO]$	IAI	IAI
$[EAO]$	$[EAO]$	OAO	$[AEO]$

上述 24 个有效式中，有 5 个带方括号的，称为弱式。所谓弱式，是指本来可以得出全称的结论，但却只得出了特称的结论。例如，第一格 AAA 式是有效式，那么 AAI 式也应当是有效式，因

为结论并没有超出前提的范围。但由于 I 判断的结论较 A 判断为弱，故称为弱式。由于其结论的断定比应当得出的断定要少，只能看作一种不完全的推理式，其实用意义不大。

一个三段论形式是有效的，当且仅当它是这 24 个式中的一个。据此，可以验证一个三段论式是否正确。

三段论的各有效式，不必要一个个地熟记。判定三段论是否有效，依据三段论的一般规则及各格的特殊规则就可以了。

四、三段论的运用与表达

1. 大小前提与结论的排列顺序问题

人们在日常运用与表达三段论时，往往不是按照大前提、小前提、结论这样的顺序排列，有时可以结论在前，前提在后，两个前提也可以是小前提在前，大前提在后。例如："我们的事业是不可战胜的，因为我们的事业是正义的，而正义的事业是不可战胜的。"这个三段论就是以结论、小前提、大前提这样的顺序排列的。我们在对它进行逻辑分析时，需要调整它的排列顺序，这个三段论调整后的排列是：

正义的事业是不可战胜的，
我们的事业是正义的事业，
——————————————
所以，我们的事业是不可战胜的。

分析这类三段论，要注意一些语言标志。如有"因为"、"所以"等语言标志，就可以确定"因为"后面的部分是前提，"所以"后面的部分是结论。如果没有语言标志，可以根据语意确定前提和结论。然后，再根据结论的主、谓项来确定大、小前提。

2. 三段论的省略形式

在日常运用及语言表达中，为了力求精练，常常省略三段论的某个前提或结论，这就是三段论的省略式。

三段论的省略式有下列三种：

（1）省略大前提

当大前提表达的是众所周知的原理时，往往就会省略大前提。

例如：你是一个人，你应该尊重自己的人格。这就是一个省略大前提的三段论，把它恢复起来就是：

> 每一个人都应该尊重自己的人格，
> 你是一个人，
> ——————————————
> 所以，你应该尊重自己的人格。

（2）省略小前提

当小前提反映的事实非常明显时，小前提往往就可以省略。

例如：人是有缺点的，领袖人物也不例外。这里就省略了小前提，把它恢复起来就是：

> 人是有缺点的，
> 领袖人物是人，
> ——————————————
> 所以，领袖人物也是有缺点的。

（3）省略结论

如果结论是让读者或听者自己得出来，要比直接说出来表达效果更好，那么，这时结论往往省略。

例如：台湾回归祖国是中国的内政，中国内政是不容外国干涉的。这就是一个省略了结论的三段论，其完整形式是：

> 中国的内政是不容外国干涉的，
> 台湾回归祖国是中国的内政，
> ——————————————
> 所以，台湾回归祖国是不容外国干涉的。

三段论的省略形式可以使语言表达精练、含蓄、简明、有力。但是，也容易掩藏虚假前提或推理形式的错误。例如，有人说：

"这东西是我拾到的,为什么一定要还给失主?"这里包含了一个省略大前提的三段论,结论是以反问句的形式间接表达的,把它补充整理出来是:

> 拾到的东西不必还给失主,
> 这东西是(我)拾到的东西,
> ——————————————
> 所以,这东西不必还给失主。

这个三段论的大前提显然是虚假的,根据我国民法通则规定,拾得遗失物应当返还失主。再如,有人说:"这个人一定是运动员,因为凡运动员都是穿运动服的。"这是一个省略了小前提的三段论,把它补充完整就是:

> 凡运动员都是穿运动服的,
> 这个人是穿运动服的,
> ——————————————
> 所以,这个人是运动员。

这个三段论犯了"中项两次不周延"的逻辑错误,推理形式无效。

为了检查一个三段论省略形式是否正确,必须根据三段论的规则,把它恢复完整。

三段论省略式的恢复可以按下列步骤进行:

第一,确定是否省略了结论。这可以将内容分析与语言标志结合起来考虑,根本的是看所给的判断之间有无推论关系。如果没有推论关系,则两个判断都是前提,省略的是结论。有推论关系的,那么,理由为前提,推断为结论,省略的是另一个前提。

第二,确定是否省略了大前提或小前提。如果结论没有被省略,那么,根据结论就可以确定小项与大项。如果大项没有在省略式的前提中出现,则说明省略的是大前提。如果小项没有在前提中出现,则说明省略的是小前提。

第三,把省略的部分恢复。如果省略的是大前提,就把大项与小前提中的中项联结起来；如果省略的是小前提，就把小项与大前提中的中项联结起来；如果省略的是结论，就将大、小前提中共同项以外的两个项联结起来。

练 习 题

一、下列对当关系推理是否正确？请说明理由。

1. 由"优质商品都是高档商品"假，推知"有的优质商品是高档商品"真。
2. 由"有的人生而知之"假，推知"有人不是生而知之"真。
3. 由"所有的星球都是天体"真，推知"有的星球是天体"真。
4. 由"大多数共青团员都能起模范作用"真，推知"所有的共青团员都能起模范作用"假。
5. 由"凡环境污染都对人身体有害"真，推知"有的环境污染不对人身体有害"假。
6. 由"有的观念不是物质的反映"假，推知"有的观念是物质的反映"真。

二、对下列判断进行换质，并用公式表示。

1. 所有的真理都是客观的。
2. 改革者都不是墨守成规的。
3. 有些挫折是不可避免的。
4. 有的人不是坏人。
5. 所有的基本粒子都是有内部结构的。
6. 有些战争是正义战争。

三、下列判断能否换位？如能，给以换位，并用公式表示。

1. 有些发明家不是上过大学的。
2. 有些鱼类是卵生动物。
3. 所有的中国人都是炎黄子孙。
4. 凡畅销商品都不是劣质商品。

四、下列判断能否换质位？如能，进行换质位，并用公式表示。

1. 所有的发达国家都是重视教育的。
2. 阻碍生产力发展的东西都不是社会主义的。
3. 有的人是怕批评的。
4. 有些科学家不是上过大学的。

五、指出下列三段论的大前提、小前提、结论以及大项、中项、小项，写出其逻辑形式，并指出其所属的格与式。

1. 一切经济犯罪活动都是要受到法律制裁的，走私是经济犯罪活动，所以，走私是要受到法律制裁的。

2. 改革开放的方针是正确的方针。因为改革开放的方针促进了我国生产力的高速发展，而凡促进我国生产力高速发展的方针都是正确的方针。

3. 猪是偶蹄类动物，猪不是反刍动物，所以，有的偶蹄类动物不是反刍动物。

4. 蝙蝠是哺乳动物，而鸟不是哺乳动物，所以，蝙蝠不是鸟。

5. 知识就是力量。因为知识就是远见，而远见就是力量。

6. 丹顶鹤是珍稀动物，珍稀动物是受法律保护的，所以，有些受法律保护的是丹顶鹤。

六、下列三段论是否正确？如不正确，请说明犯了什么逻辑错误。

1. 长途汽车都是对号入座的，这辆汽车是对号入座的，所以，这辆汽车是长途汽车。

2. 有的电影胶片是进口商品，有的电影胶片是彩色胶片，所以，有的彩色胶片是进口商品。

3. 普通逻辑是工具性质的科学，普通逻辑是关于思维的科学，因此，关于思维的科学是工具性质的科学。

4. 鲁迅小说不是一天能读完的，《狂人日记》是鲁迅小说，所以，《狂人日记》不是一天能读完的。

5. 凡是相信鬼神的人都不是唯物主义者，他不相信鬼神，所以，他是唯物主义者。

6. 有的小说是描写农村生活的，所有剧本都不是小说，所以，所有剧本都不是描写农村生活的。

七、在下列各式的括号内填入适当的符号，使之成为正确的三段论形式。

(1) $M\ (\quad)\ P$ (2) $M\ (\quad)\ P$
  $S\ (\quad)\ M$ $S\ (\quad)\ M$
  ———————   ———————
  $S\ \ E\ \ P$ $S\ \ A\ \ P$

(3) $P\ \ E\ \ M$ (4) $P\ (\quad)\ M$
  $M\ \ A\ \ S$ $S\ \ I\ \ M$
  ———————   ———————
  $S\ (\quad)\ P$ $S\ (\quad)\ P$

八、将下列三段论省略式整理恢复为完整式，并指出是否正确。

1. 没有文化的军队是愚蠢的军队，而愚蠢的军队是不能战胜敌人的。
2. 社会主义国家都是人民当家做主的，中国也不例外。
3. 燃素说不是真理，所以，所有假说都不是真理。
4. 有些不道德行为是违法行为，所以，有些不道德行为是犯罪行为。
5. 每一个孩子都应当受到尊重，因为他们也是人。

第五章 复合判断

复合判断就是自身中包含有其他判断的判断。复合判断由支判断和联结词构成。支判断是复合判断中包含的判断,它是复合判断形式结构中的变项;联结词是联结支判断以构成一个复合判断的逻辑成分,它是复合判断形式结构中的逻辑常项,不同的联结词,反映了支判断之间不同的联系方式。复合判断根据联结词的不同分为联言判断、选言判断、假言判断、负判断四种。

普通逻辑研究复合判断,着重研究各种复合判断联结词的逻辑性质,以及由此决定的各种复合判断与其支判断之间的真假制约关系。

第一节 联言判断

一、什么是联言判断

联言判断是断定若干事物情况同时存在的判断。

所谓"若干事物情况",可以是几个不同对象存在的情况,也可以是同一对象存在的几种不同情况。例如:

① 虚荣的人注视着自己的名字,光荣的人注视着祖国的事业。

② 中国既是火药的故乡,又是火箭的故乡。

这两个都是联言判断,前者断定了"虚荣的人注视着自己的名字"和"光荣的人注视着祖国的事业"这两种情况同时存在,后者则断定"中国是火药的故乡"和"中国是火箭的故乡"这两种情况同时存在。

联言判断的支判断称为联言支,可分别用 p、q、r、s ……表示。在一个联言判断中,联言支可以是两个,如以上两例;也可以是多个,如:

教室里,有人在看书,有人在做作业,还有人在讨论问题。

联言判断的联结词称为联言联结词,可用"并且"来表示。包含两个联言支的联言判断,其逻辑形式可以表示为:

p 并且 q

联言联结词也可以用合取符号"∧"表示,这样,联言判断又可以表示为下面的合取式:

$p \wedge q$

二、联言判断的真假

联言判断是断定若干事物情况同时存在的,因此,一个联言判断的真假,取决于构成该联言判断的各个联言支是否同时为真。如果每个联言支都是真的,则该联言判断为真;只要有一个联言支为假,那么该联言判断就一定是假的。反过来说,如果一个联言判断为真,则它的各个支判断均为真;如果一个联言判断"p 并且 q"为假,则它的各支判断的真假有三种情况:(1)p 真 q 假;(2)p 假 q 真;(3)p、q 皆假。

联言判断和它的联言支之间的真假关系可以用真值表(表5-1)表示如下。

表 5-1

p	q	p 并且 q
真	真	真
真	假	假
假	真	假
假	假	假

三、联言判断的运用与表达

人们说话、写文章时常常要运用并列复句来表达联言判断。前面所举的例子都是用并列复句来表达的，除此之外，联言判断还可以用转折复句、递进复句、顺承复句等来表达。例如：

虽然经历了许多磨难，但她仍然开朗乐观。

我们不但善于破坏一个旧世界，我们还将善于建设一个新世界。

世间有思想的人应先想到事情的终局，随后着手去做。

联言判断还可以用单句来表达。例如：

① 小王和小李都是学生。

② 鲁迅先生是伟大的文学家、思想家、革命家。

例①中，两个联言支"小王是学生"和"小李是学生"的谓项相同，谓项就可以只出现一次，这样构成了联合结构作主语的单句；例②则是三个联言支的主项相同，主项就只出现一次，构成了联合结构作谓语的单句。

就联言判断的形式结构而言，只要其联言支都真，该联言判断就为真。而在实际运用中，不仅要求其支判断同真，还要求支判断间内容上有联系，在语言表达上还要讲究先后次序。如果构

成联言判断的几个支判断在内容上毫无联系,例如:

  王强是小学生,并且今天天气很好。

或者表达的次序不当,例如:

  他的感人事迹不但在社会上广为流传,而且也在本单位引起极大反响。

这样的联言判断应被看作是无意义的或不恰当的。

  有一些修辞格如对偶、排比、顶真、对比等,是以联言判断为逻辑基础的,例如:

  宝剑锋从磨砺出,梅花香自苦寒来。

  你是严冬里的炭火,你是酷暑里的浓荫,你是湍流中的踏脚石,你是雾海中的航标灯,你是看不见的空气,你是捉不到的阳光。(啊,友情,你在哪里?)

  竹叶烧了,还有竹枝;竹枝断了,还有竹鞭;竹鞭砍了,还有深埋在地下的竹根。

  虚心使人进步,骄傲使人落后。

以上各例,从修辞的角度来说,分别运用了对偶、排比、顶真、对比手法;从思维的形式结构看,表达的都是联言判断。

第二节 选言判断

一、什么是选言判断

  选言判断是断定若干事物情况中至少有一种情况存在的判断。例如:

  ① 胜者或因其强,或因其指挥无误。

  ② 对待前进道路上的困难,要么战而胜之,要么被困难吓倒。

例①断定了"胜者因其强"和"胜者因其指挥无误"这两种事物

情况中至少有一种情况存在；例②断定了"对待前进道路上的困难"，"战而胜之"和"被困难吓倒"这两种事物情况至少有一种存在，它们都是选言判断。选言判断由选言支和选言联结词构成。选言支可分别用 p、q、r、s……表示。一个选言判断，至少要包含两个选言支，如例①例②；也可以包含三个甚至更多的选言支，如：

> 他学习成绩不好，或者是由于基础太差，或者是由于不用功，或者是由于学习方法不对，或者是还有其他原因。

二、选言判断的种类

选言判断可以根据其选言联结词的不同分为相容选言判断和不相容选言判断两种。

1. 相容选言判断

相容选言判断是断定在若干事物情况中至少有一种存在而并未断定仅有一种存在的选言判断，又称为非排斥的选言判断。例如：

> ① 他或者是位教师，或者是位作家。
> ② 这件好事，也许是小王做的，也许是小李做的。

这两个判断都是相容选言判断。例①断定"他是位教师"和"他是位作家"这两种情况中至少有一种存在，但并未断定这两种情况中仅有一种存在，即并不排除两种情况都存在的可能。例②断定"这件好事"至少是小王、小李中的一个人做的，但并不排除两个人共同做这件好事的可能性。

相容选言判断的逻辑联结词可用"或者"来表示，日常语言中的"或"、"也许，也许"、"可能，也可能"等关联词语，其逻辑含义与"或者"相当。

包含两个选言支的相容选言判断，其逻辑形式可以表示为：

p 或者 q

相容选言联结词也可以用可兼析取符号"$\vee$"来表示。因此，相容选言判断又可以表示为下面的可兼析取式：

　　$p \vee q$

2. 不相容选言判断

不相容选言判断是断定在若干事物情况中有且仅有一种情况存在的选言判断。例如：

　　　　这场战争，要么是正义战争，要么是非正义战争。

这是一个不相容选言判断，它断定了"这场战争是正义战争"和"这场战争是非正义战争"这两种情况中至少有一种存在，并且至多也只有一种存在。

不相容选言判断的联结词可用"要么，要么"来表示。包含两个选言支的不相容选言判断，其逻辑形式可以表示为：

　　要么 p，要么 q

联结词"要么，要么"也可以用不可兼析取符号"$\dot\vee$"表示，因此，不相容选言判断又可以表示为：

　　$p \dot\vee q$

三、选言判断的真假

选言判断的真假取决于选言支的真假和选言联结词的性质。相容选言判断和不相容选言判断，由于各自对支判断所反映的若干事物情况作出的断定不完全相同，因此，二者同它们各自的支判断之间的真假关系也不尽相同。

相容选言判断是断定若干事物情况中至少有一种情况存在而并未断定仅有一种情况存在，因此，一个相容选言判断，只要有一个选言支为真，它就是真的；选言支同真，它也是真的。只有当所有选言支都假时，它才是假的。反过来说，如果一个相容选言判断"p 或者 q"为真，则它的各支判断的真假有三种情况：

(1) p 真 q 真；(2) p 真 q 假；(3) p 假 q 真。如果一个相容选言判断为假，则它的支判断皆为假。相容选言判断的真假与选言支的真假之间的制约关系，可用下面的真值表（表 5-2）来表示。

表 5-2

p	q	p 或者 q
真	真	真
真	假	真
假	真	真
假	假	假

不相容选言判断是断定若干事物情况中有且仅有一种情况存在。因此，一个不相容选言判断，有且仅有一个选言支为真时，它是真的；如果选言支都是假的，或者不止一个选言支为真，那么这个不相容选言判断就是假的。反过来说，如果一个不相容选言判断"要么 p，要么 q"为真，则它的选言支的真假有两种情况：(1) p 真 q 假；(2) p 假 q 真；如果一个不相容选言判断"要么 p，要么 q"为假，则它的选言支的真假也有两种情况：(1) p、q 皆为真；(2) p、q 皆为假。不相容选言判断的真假与其选言支的真假之间的制约关系，可用下面的真值表（表 5-3）来表示。

表 5-3

p	q	要么 p 要么 q
真	真	假
真	假	真
假	真	真
假	假	假

四、选言判断的运用与表达

当人们对思维对象的情况还不十分清楚时,往往要设想几种可能性,这就要用选言判断加以反映。例如,某地发生一起刑事案件,一家工厂的仓库被盗,前去侦查的公安人员经过一番明查暗访,发现甲、乙二人作案的可能性最大,但不排除其他人作案的可能性,在没有确凿证据时,公安人员只能作出这样的断定:这个案子的作案人或者是甲,或者是乙,或者是其他人。

选言判断在日常思维与语言中得到广泛运用,因此,正确运用与恰当表达选言判断十分重要。在运用与表达中要注意以下问题:

第一,选言支所反映的几种事物情况应当具有选择关系。

选言判断的几个选言支在内容上应当具有选择关系,不能把内容上不具有选择关系甚至毫无联系的几个支判断硬凑在一起,构成选言判断。例如:

① 在北京的日子里,我或者去登长城,或者去游故宫,或者到各大名胜古迹参观游览。

② 要么今天是星期一,要么水往低处流。

例①中,第三个选言支"(我)到各大名胜古迹参观游览"在意义上概括了前两个选言支"(我)去登长城"和"(我)去游故宫",换句话说,第三个选言支与前两个选言支所反映的事物情况不具有选择关系,这样构成的选言判断是不恰当的,应将第三个选言支改为"(我)到其他各大名胜古迹参观游览"。例②的两个选言支在内容上毫无联系,这样硬凑成的选言判断也是不恰当的。

第二,注意一定范围内选言支穷尽的问题。

在使用选言判断时,还要考虑选言支是否穷尽的问题。所谓选言支穷尽,是指选言判断反映了一定范围内事物的全部可能情况;所谓选言支不穷尽,就是指选言判断没有反映出一定范围内事物的全部可能情况而漏掉真的选言支。例如：

> 他今天上学迟到，或者是因为起来迟了，或者是因为路上贪玩耽搁了。

如果实际情况确实是他因为起来迟了而迟到，或者确实是他因为路上贪玩耽搁了，那么这个判断是真的，因为在该判断所列出的若干可能情况中有一种是实际存在的；如果实际情况是他既没有起来迟，也不是在路上贪玩，而是因为送一个迷路的小孩回家才迟到的，那么这个判断就是假的，因为在该判断所列出的若干可能情况中没有一种是实际存在的。

第三，根据表达内容的需要选择适当的关联词语。

相容选言判断断定若干事物情况中至少有一种存在，并不排除几种情况同时存在的可能性，它的联结词是"或者，或者"；而不相容选言判断断定若干事物情况中有且仅有一种存在，它的联结词是"要么，要么"。不相容选言判断比相容选言判断断定得多。例如：

> ① 他或者选修音乐，或者选修美术。
> ② 他要么选修音乐，要么选修美术。

例①仅仅断定"他选修音乐"与"他选修美术"这两种事物情况中至少有一种存在，并未断定仅有一种存在，这是相容选言判断；例②则断定两种事物情况中有且仅有一种存在，这是不相容选言判断。后者比前者断定得多：当后者真时，前者必真；而当前者真时，后者却未必真。因此，在日常语言中，当几种事物情况事实上不可能同时存在而又无须特别指出这一点时，人们也可以不用不相容选言判断而用相容选言判断的表达式。例如：

> 小张或者知道这件事，或者不知道这件事。

在这个判断中，选言支所反映的两种事物情况不可能同时存在，而说话人运用"或者……，或者……"表达式，只是表示二者至少有一真，并没有表示二者仅有一真，因此，它是相容选言判断。如

果在"或者……,或者……"表达式后面再加上"二者不可得兼"之类的补充说明,则是不相容选言判断。例如:

　　他或者选修音乐,或者选修美术,不能同时选修两门课。

这是不相容选言判断的又一种表达形式,其含义与上面的例②相当。

值得注意的是,由于不相容选言判断比相容选言判断断定得多,因此,当几种事物情况事实上可以同时存在,并不互相排斥时,应当慎用不相容选言判断。例如:

　　高中毕业后,我面临两种选择,要么是继续学习,要么是参加工作。

这个选言判断使用的联结词是"要么,要么",显然是认为"我继续学习"和"我参加工作"这两个支判断所断定的情况不可能同时存在。而实际上有许多人就是一边工作,一边通过各种方式来继续学习的。这个判断虽不能说是错误的,但至少是不恰当的。

第三节　假言判断

一、什么是假言判断

假言判断又叫条件判断,就是断定某一事物情况的存在为另一事物情况存在的条件的判断。例如:

　　① 如果物体摩擦,那么物体会生热。
　　② 只有水分充足,庄稼才能长得好。

例①断定了"物体摩擦"是"物体生热"的条件;例②断定了"水分充足"是"庄稼长得好"的条件。二者都是假言判断。

假言判断也由支判断和联结词两部分构成。一个假言判断包含两个支判断,表示条件的支判断叫做"前件",用 p 来表示;表示依赖条件而成立的支判断叫做"后件",用 q 来表示。

假言判断的联结词,称为"假言联结词",如例①中的"如果,那么",例②中的"只有,才"。假言联结词是联结前件和后件,表示二者之间某种条件关系的成分。

二、假言判断的种类

根据假言联结词所表示的前后件之间不同的条件关系,可将假言判断分为三类:充分条件假言判断、必要条件假言判断和充分必要条件假言判断。

1. 充分条件假言判断

充分条件假言判断是断定某一事物情况的存在为另一事物情况存在的充分条件的假言判断。而所谓充分条件,就是指如果前件所反映的事物情况存在,那么后件所反映的事物情况就一定存在。例如:

如果学习只在于模仿,那么科学就不会进步。

这一判断断定前件"学习只在于模仿"是后件"科学就不会进步"的充分条件,即如果有前件所说的情况"学习只在于模仿",就一定会出现后件所说的情况"科学不会进步"。

我们分别用 p、q 来表示前件和后件,则充分条件假言判断断定的是:有 p 必有 q。其逻辑形式可以表示如下:

如果 p,那么 q

充分条件假言判断的联结词"如果,那么",也可以用蕴涵符号"→"来表示,这样充分条件假言判断又可以表示为下面的蕴涵式:

$p \rightarrow q$

在日常语言中,下列关联词语与"如果,那么"的逻辑含义相当:"假使,那么"、"只要,就"、"要是,便"、"倘若,必"、"当,则"、"就"、"则"等等。例如:

只要做得对,就不用怕别人指责。

明天要是下雨，运动会就延期举行。

2. 必要条件假言判断

必要条件假言判断是断定某一事物情况的存在为另一事物情况存在的必要条件的假言判断。而所谓必要条件，就是指如果前件所反映的事物情况不存在，那么后件所反映的事物情况就一定不存在。例如：

只有正视自己的不足，才能不断地提高和完善自己。

这是一个必要条件假言判断，它断定前件"正视自己的不足"是后件"不断地提高和完善自己"的必要条件，即如果没有前件所说的情况"正视自己的不足"，就一定不会出现后件所说的情况"不断地提高和完善自己"。

我们分别用 p、q 来表示前件和后件，则必要条件假言判断断定的是：无 p 必无 q。其逻辑形式可以表示如下：

只有 p，才 q

必要条件假言判断的联结词"只有，才"也可以用逆蕴涵符号"←"来表示，这样，必要条件假言判断又可以表示为下面的逆蕴涵式：

$p \leftarrow q$

在日常语言中，下列关联词语与"只有，才"的逻辑含义相当："必须，才"、"除非，才"、"才"等等。例如：

在学习理论的时候，还必须联系实际，才能学得深，学得透。

除非病得起不了床，他才请一次假。

3. 充分必要条件假言判断

充分必要条件假言判断是断定某一事物情况的存在为另一事物情况存在的充分必要条件的假言判断。所谓充分必要条件，就是指如果前件所反映的事物情况存在，那么后件所反映的事物情况就一定存在；并且如果前件所反映的事物情况不存在，那么后件所反映的事物情况就一定不存在。例如：

  当且仅当某数是偶数，则它能被 2 整除。

这是一个充分必要条件假言判断，它断定了前件"某数是偶数"是后件"某数能被 2 整除"的充分必要条件，即如果有前件所说的情况"某数是偶数"，就一定有后件所说的情况"某数能被 2 整除"；如果没有前件所说的情况"某数是偶数"，就不会有后件所说的事物情况"某数能被 2 整除"。

  我们分别用 p、q 来表示前件和后件，则充分必要条件假言判断断定的是：有 p 必有 q，无 p 必无 q。其逻辑形式可以表示如下：

  当且仅当 p，则 q

充分必要条件假言判断的联结词"当且仅当"也可以用等值符号"↔"来表示，这样，充分必要条件假言判断又可以表示为下面的等值式：

  $p \leftrightarrow q$

等值式表示 p 与 q 同真同假，即前件与后件之间互为充分必要条件关系。

  在日常语言中，关联词语"只要并且只有，才"、"如果，就；如果不，就不"等与"当且仅当，则"的逻辑含义相当。例如：

  只要付出努力，就会有所收获；并且只有付出努力，才会有所收获。

  明天如果天气好，我们就去郊游；如果天气不好，就不去。

有时联结词也可以部分或全部地省略，例如：

  人不犯我，我不犯人；人若犯我，我必犯人。

  你来，我走；你不来，我不走。

三、假言判断的真假

  假言判断的真假，取决于它所断定的两个事物情况之间的条件关系事实上是否存在。例如：

① 只有年满 18 岁，才有选举权。

② 只要年满 18 岁，就有选举权。

例①是必要条件假言判断，是个真判断。因为事实上"年满 18 岁"是"有选举权"的必要条件；例②是充分条件假言判断，是个假判断，因为事实上"年满 18 岁"并不是"有选举权"的充分条件，比如说有的人因为触犯法律而被剥夺政治权利（包括选举权）。

事物情况间的这种条件关系，反映到假言判断形式上，又表现为其前后件之间的真假关系，因此我们又可以通过假言判断前后件的真假情况来说明假言判断逻辑上的真假。

充分条件假言判断，只是断定有前件所说的事物情况，必然有后件所说的事物情况，也就是说，一个充分条件假言判断，当前件真后件也真时，它是真的；当前件真而后件假时，它一定是假的，因为这说明前件并不是后件的充分条件；而当前件假时，后件不论是真是假，该充分条件假言判断都可以是真的，因为充分条件假言判断并未断定前件假时，后件怎么样。例如：

如果他生病了，就不来上课。

在这个充分条件假言判断中，如果前件所说的情况"他生病了"存在，后件所说的情况"他不来上课"却不存在，即前件真，后件却假，这说明"他生病"不是"他不来上课"的充分条件，该充分条件假言判断就是个假判断。在其他三种情况下，即前件真后件真、前件假而后件真、前件假后件也假时，该判断都可以是真的。反过来说，当一个充分条件假言判断为真时，其前后件的真假情况有三种：（1）前件真后件也真；（2）前件假而后件真；（3）前件假后件也假。而当一个充分条件假言判断为假时，其前后件的真假情况只有一种：前件真而后件假。充分条件假言判断与它的前后件之间的这种真假关系可用下面的真值表（表 5-4）来表示。

表 5-4

p	q	$p \rightarrow q$
真	真	真
真	假	假
假	真	真
假	假	真

必要条件假言判断，只是断定前件假时，后件必假。就是说，一个必要条件假言判断，当前件假后件也假时，它是真的；当前件假而后件真时，它一定是假的，因为这说明前件并不是后件的必要条件；而当前件真时，后件不论是真是假，该必要条件假言判断都可以是真的，因为必要条件假言判断并未断定前件真时，后件怎么样。例如：

只有某甲参加比赛，该队才能获胜。

在这个必要条件假言判断中，如果前件所说的情况"某甲参加比赛"不存在，而后件所说的情况"该队获胜"却存在，即前件假而后件却真，这说明"某甲参加比赛"不是"该队获胜"的必要条件，则该必要条件假言判断是个假判断。在其他三种情况下，即前件真后件也真、前件真而后件假、前件假后件也假时，该判断都可以是真的。反过来说，当一个必要条件假言判断为真时，其前后件的真假情况有三种：(1) 前件真后件也真；(2) 前件真而后件假；(3) 前件假后件也假。而当一个必要条件假言判断为假时，其前后件的真假情况只有一种：前件假而后件真。必要条件假言判断与它的前后件之间的这种真假关系可用下面的真值表（表 5-5）来表示：

表 5-5

p	q	$p \leftarrow q$
真	真	真
真	假	真
假	真	假
假	假	真

充分必要条件假言判断,断定了前件既是后件的充分条件,又是后件的必要条件,即前件真时后件一定真,前件假时后件一定假,就是说一个充分必要条件假言判断,当前件真后件也真,或前件假后件也假时,它是真的;如果前件真而后件假,或前件假而后件真时,该充分必要条件假言判断是假的。例如:

当且仅当天下雨,他才在家。

这个充分必要条件假言判断,当"天下雨"时"他在家",或"天没下雨"时"他不在家",它是真的;而当"天下雨"时"他不在家",或"天没下雨"时"他在家",它都是假的。

换句话说,当一个充分必要条件假言判断为真时,其前后件的真假情况有两种:(1)前件真后件也真;(2)前件假后件也假。而当一个充分必要条件假言判断为假时,其前后件的真假情况也有两种:(1)前件真而后件假;(2)前件假而后件真。充分必要条件假言判断与其前后件之间的这种真假关系可用下面的真值表(表 5-6)来表示。

四、假言判断的运用与表达

人们在日常思维中,经常运用假言判断来反映事物之间的条件联系,其认识意义是不容忽视的。因此,我们应该学会正确地运用假言判断,以便真实、准确地反映客观事物的情况。

表 5-6

p	q	$p \leftrightarrow q$
真	真	真
真	假	假
假	真	假
假	假	真

第一，认清条件联系，选择适当的关联词语，准确地表达假言判断。

运用假言判断，首先要认清事物情况之间的条件关系，不要把充分条件关系与必要条件关系弄错。例如：

① 只要不怕困难，就能战胜困难。
② 只有得了阑尾炎，才会肚子痛。

例①、例②对于前后件之间条件关系的断定都是错误的。例①错将必要条件当成充分条件，而忽略了战胜困难的其他必不可少的条件；例②则错将充分条件当成必要条件，而实际上不得阑尾炎肚子也会痛。

自然语言中，假设复句和条件复句都可以表达假言判断。我们在运用这两种复句表达假言判断时，应当注意区分不同的关联词语所表达的不同的条件关系，防止混淆。例如：

① 如果你认为有必要，就应该设法去做。
② 只要怀抱着信心，就永远有希望。
③ 只有春天到来，园子里才开满鲜花。

例①是一个假设复句，它表达的是一个充分条件假言判断；例②是一个条件复句，它表达的也是一个充分条件假言判断；例③也是一个条件复句，它表达的却是一个必要条件假言判断。

此外还有一种省略了关联词语的紧缩句，也可以用来表达充分条件假言判断。例如：

酒香不怕巷子深。

上例是"如果酒香，就不怕巷子深"这一假设复句的紧缩句，表达了一个充分条件假言判断，即断定了"酒香"是"不怕巷子深"的充分条件。

弄清假言判断的语言表达形式，对于正确使用假言判断进行推理是十分必要的。

第二，条件关系不能强加。

对于不具有条件关系的事物情况，不能强加条件关系以构成假言判断。例如：

① 如果我像爱因斯坦那样聪明，那么我也能成为科学家。

② 只有考上大学，才能成为对社会有用的人。

这两个判断都是不恰当的。例①"我像爱因斯坦那样聪明"和"我也能成为科学家"之间并不具有充分条件关系；例②"考上大学"和"成为对社会有用的人"二者之间并不具有必要条件关系。考上大学的人固然能对社会有所贡献；许多没能考上大学的人也同样对社会有所贡献。这里犯了强加条件关系的错误。

第三，正确地进行假言判断之间的等值转换。

根据三种假言判断的逻辑性质，可以知道：断定 p 是 q 的充分条件，也就是断定了 q 是 p 的必要条件；断定 q 是 p 的必要条件也就是断定"无 q"是"无 p"的充分条件；断定 p 是 q 的充分必要条件，也就是断定 q 是 p 的充分必要条件。因此，可以把一个假言判断转换成另一个假言判断，这在逻辑上叫做"等值转换"。为了正确地进行假言判断之间的等值转换，应当掌握以下几个等值式：

(1) $(p \rightarrow q) \leftrightarrow (q \leftarrow p)$

公式 (1) 表示：当且仅当 p 是 q 的充分条件，则 q 是 p 的必要条件。换句话说,肯定 p 是 q 的充分条件,同肯定 q 是 p 的必要条件,两者的逻辑意义是等同的。

据此,一个充分条件假言判断可以转换成一个必要条件假言判断。反过来说,一个必要条件假言判断也可以转换成一个充分条件假言判断。例如:

① 如果一个人发烧,那么他有病。

② 只有一个人有病,他才会发烧。

这两个假言判断具有等值关系,它们之间可以互相转换。

这一转换可用下面的真值表(表 5-7)来分析和检验。

表 5-7

p	q	$p \rightarrow q$	$q \leftarrow p$
真	真	真	真
真	假	假	假
假	真	真	真
假	假	真	真

(2)$(p \leftarrow q) \leftrightarrow (\neg p \rightarrow \neg q)$

公式(2)表示:当且仅当 p 是 q 的必要条件,则非 p 是非 q 的充分条件。

据此,将一个必要条件假言判断的前后件分别加上否定词,就可以得到一个与之等值的充分条件假言判断。例如:

① 只有付出艰苦的努力,才能取得丰硕的成果。

② 如果不付出艰苦的努力,就不能取得丰硕的成果。

这两个假言判断也具有等值关系,它们之间也可以互相转换。

这一转换可以用下面的真值表(表 5-8)来分析和检验。

表 5-8

p	q	$\neg p$	$\neg q$	$p \leftarrow q$	$\neg p \rightarrow \neg q$
真	真	假	假	真	真
真	假	假	真	真	真
假	真	真	假	假	假
假	假	真	真	真	真

汉语中有一种"不 p，不 q"句式，其含义为"如果不 p，就不 q"，断定"不 p"是"不 q"的充分条件，也就是对 p 是 q 的必要条件加以强调。例如：

不经一事，不长一智。

这一判断断定"不经一事"是"不长一智"的充分条件，从而强调了"经一事"是"长一智"的必要条件。这一语言现象也可以从上面的等值式得到解释。

(3) $(p \rightarrow q) \leftrightarrow (\neg q \rightarrow \neg p)$

公式（3）表示：当且仅当 p 是 q 的充分条件，则非 q 是非 p 的充分条件。这个等值式可由上面两个等值式得到。据此，可将一个充分条件假言判断前后件互换位置并分别加上否定词，从而得到另一个与之等值的充分条件假言判断。例如：

① 如果某人是作案人，那么他一定有作案时间。

② 如果某人没有作案时间，那么他就不是作案人。

这两个假言判断具有等值关系，它们之间可以互相转换。

这一转换可以用下面的真值表（表 5-9）来加以分析和检验。

(4) $(p \leftrightarrow q) \leftrightarrow (q \leftrightarrow p)$

公式（4）表示：当且仅当 p 是 q 的充分必要条件，则 q 也是 p 的充分必要条件。

表 5-9

p	q	$\neg p$	$\neg q$	$p \to q$	$\neg q \to \neg p$
真	真	假	假	真	真
真	假	假	真	假	假
假	真	真	假	真	真
假	假	真	真	真	真

据此，可以将一个充分必要条件假言判断的前后件互换位置，从而得到另一个充分必要条件假言判断。例如：

① 当且仅当一个四边形四边相等，则它是菱形。

② 当且仅当一个四边形是菱形，则它的四条边相等。

这两个假言判断也具有等值关系，因而可以互相转换。这一转换可以用下面的真值表（表 5-10）来加以分析和检验。

表 5-10

p	q	$p \leftrightarrow q$	$q \leftrightarrow p$
真	真	真	真
真	假	假	假
假	真	假	假
假	假	真	真

第四节 负判断

一、什么是负判断

负判断就是否定一个判断的判断。例如：

① 并非人人都是自私的。

② 并非如果天阴，就一定会下雨。

以上两例都是负判断。例①是对"人人都是自私的"这样一个判断的否定；例②是对"如果天阴，就一定会下雨"这样一个判断的否定。

负判断不同于性质判断中的否定判断，否定判断否定的是主项和谓项的联系，而负判断否定的是整个判断。例如：

③ 人人都不是自私的。

例③是个否定判断，它断定了"人"全都不具有"自私"的性质，这个判断是假的；而例①这个负判断却是真的。

作为一种形式较为特殊的复合判断，负判断也由两个部分组成：支判断和否定联接词。"并非人人都是自私的"这一判断中，"人人都是自私的"是支判断，"并非"是否定联结词。说负判断是复合判断，就是因为在负判断中包含了一个被它否定的支判断。

负判断的联结词可以用"并非"来表示，其逻辑形式可以表示为：

并非 P

否定联结词也可用否定符号"¬"（读作"并非"）来表示，这样负判断又可以表示为下面的否定式：

¬p

负判断的真假取决于其支判断的真假。既然负判断是对其支判断的否定，那么它的真假就与其支判断的真假刚好相反：其支判断真时，该负判断为假；其支判断假时，该负判断为真。二者是矛盾关系。负判断与其支判断的真假可用下面的真值表（表5-11）来表示。

表 5-11

p	并非 p
真	假
假	真

二、负判断的种类

负判断的支判断,可以是一个简单判断,也可以是一个复合判断,这样负判断就有简单判断的负判断和复合判断的负判断两种类型。下面简要介绍几种主要的负判断。

1. 简单性质判断的负判断

简单性质判断的负判断,就是对一个简单性质判断加以否定所构成的负判断。

第三章介绍的六种性质判断,都有其负判断:

(1) 全称肯定判断的负判断。例如:

并非所有中文系毕业的人都能成为作家。

其逻辑形式为:并非所有 S 都是 P

也可以表示为:$\neg SAP$

(2) 全称否定判断的负判断。例如:

并非所有的细菌都不是有益的。

其逻辑形式为:并非所有 S 都不是 P

也可以表示为:$\neg SEP$

(3) 特称肯定判断的负判断。例如:

并非有的人生而知之。

其逻辑形式为:并非有的 S 是 P

也可以表示为:$\neg SIP$

(4) 特称否定判断的负判断。例如:

并非有的金属不是导体。

其逻辑形式为:并非有的 S 不是 P

也可以表示为:$\neg SOP$

(5) 单称肯定判断的负判断。例如:

并非他是一无是处的。

其逻辑形式为：并非某 S 是 P

（6）单称否定判断的负判断。例如：

并非明天不上课。

其逻辑形式为：并非某 S 不是 P

2. 复合判断的负判断

复合判断的负判断就是对一个复合判断加以否定所构成的负判断。

（1）联言判断的负判断。例如：

并非她既会唱歌又会跳舞。

其逻辑形式为：并非（p 并且 q）

也可以表示为：$\neg(p \wedge q)$

（2）相容选言判断的负判断。例如：

并非他或者是位作家，或者是位教师。

其逻辑形式为：并非（p 或者 q）

也可以表示为：$\neg(p \vee q)$

（3）不相容选言判断的负判断。例如：

并非这件事要么是小王做的，要么是小李做的。

其逻辑形式为：并非（要么 p，要么 q）

也可以表示为：$\neg(p \veebar q)$

（4）充分条件假言判断的负判断。例如：

并非如果生病，就会发烧。

其逻辑形式为：并非（如果 p，则 q）

也可以表示为：$\neg(p \rightarrow q)$

（5）必要条件假言判断的负判断。例如：

并非只有考上大学，才能对社会有所贡献。

其逻辑形式为：并非（只有 p，才 q）

也可以表示为：$\neg(p \leftarrow q)$

（6）充分必要条件假言判断的负判断。例如：

并非当且仅当物质文明建设搞好了,精神文明建设才能搞得好。

其逻辑形式为:并非(当且仅当 p,则 q)

也可以表示为:$\neg(p \leftrightarrow q)$

(7) 负判断的负判断。例如:

"并非有的人不是自私的"这种说法是不对的。

其逻辑形式为:并非(并非 P)

也可以表示为:$\neg\neg P$

三、负判断的等值判断

每一个负判断都有一个与之相应的等值判断,即与该负判断真假相同的判断。前面分析过,负判断与其支判断之间是矛盾关系,因此,负判断的等值判断与该负判断的支判断也应该是矛盾关系。这样,我们就可以根据已掌握的有关知识,得出各种简单判断和各种复合判断的负判断的等值判断。

1. 简单性质判断的负判断的等值判断

A、E、I、O 四种简单性质判断的负判断的等值判断,应该分别与这四种性质判断构成矛盾关系。在第三章中,通过逻辑方阵图我们已经知道:全称肯定判断(即 A 判断)与特称否定判断(即 O 判断)是矛盾关系,全称否定判断(即 E 判断)与特称肯定判断(即 I 判断)是矛盾关系。据此,我们可以得到这四种简单性质判断的负判断的等值判断:

(1) "并非所有 S 都是 P" 等值于 "有的 S 不是 P"。

公式为:$\neg SAP \leftrightarrow SOP$

例如:

并非所有中文系毕业的人都能成为作家。

这一判断等值于:

有的中文系毕业的人不能成为作家。

(2) "并非所有 S 都不是 P" 等值于 "有的 S 是 P"。

公式为：$\neg SEP \leftrightarrow SIP$

例如：

并非所有的细菌都不是有益的。

这一判断等值于：

有的细菌是有益的。

(3) "并非有的 S 是 P" 等值于 "所有 S 都不是 P"。

公式为：$\neg SIP \leftrightarrow SEP$

例如：

并非有的人生而知之。

这一判断等值于：

所有人都不是生而知之。

(4) "并非有的 S 不是 P" 等值于 "所有 S 都是 P"。

公式为：$\neg SOP \leftrightarrow SAP$

例如：

并非有的金属不是导体。

这一判断等值于：

所有金属都是导体。

单称肯定判断与同素材的单称否定判断是一对矛盾关系的判断，因此，单称肯定判断的负判断等值于一个相应的单称否定判断，而一个单称否定判断的负判断等值于一个相应的单称肯定判断。这种等值关系可表示为：

(1) "并非某 S 是 P" 等值于 "某 S 不是 P"。例如：

并非他一无是处。

这一判断等值于：

他不是一无是处。

(2) "并非某 S 不是 P" 等值于 "某 S 是 P"。例如：

并非明天不上课。

这一判断等值于：

　　明天上课。

2. 复合判断的负判断的等值判断

对一个复合判断加以否定，就意味着断定这个复合判断为假。因此，分析一个复合判断的负判断的等值判断，实际就是要指出该复合判断何时为假，并将此时该复合判断的支判断的情况用一个恰当的判断形式加以表达。

（1）联言判断的负判断的等值判断

联言判断的负判断是断定一个联言判断为假。根据联言判断的逻辑特性，只要其任一支判断为假，该判断就为假。因此，否定联言判断 $p \wedge q$，就等于断定其支判断 p 和 q 至少有一假，即断定"p 假或 q 假"。据此可以得出，一个联言判断的负判断等值于一个相应的选言判断。这种关系可用下面的等值式来表示：

$$\neg(p \wedge q) \leftrightarrow \neg p \vee \neg q$$

例如：

　　并非她既会唱歌，又会跳舞。

这一判断等值于：

　　她或者不会唱歌，或者不会跳舞。

（2）相容选言判断的负判断的等值判断

相容选言判断的负判断是断定一个相容选言判断为假。根据相容选言判断的逻辑特性，当且仅当所有的支判断都假，该判断才为假。因此，否定相容选言判断 $p \vee q$，就等于断定其支判断 p 和 q 皆为假，即断定"p 假且 q 假"。据此可以得出，一个相容选言判断的负判断等值于一个相应的联言判断。这种关系可以用下面的等值式来表示：

$$\neg(p \vee q) \leftrightarrow \neg p \wedge \neg q$$

例如：

　　并非他或者是位作家，或者是位教师。

这一判断等值于：

>他既不是作家，也不是教师。

（3）不相容选言判断的负判断的等值判断

不相容选言判断的负判断是断定一个不相容选言判断为假。根据不相容选言判断的逻辑特性，当支判断有两个以上同真或所有支判断同假时，该判断为假。因此，否定一个不相容选言判断 $p \veebar q$，就等于断定其支判断 p 和 q 同真或同假，即断定"或者 p 真并且 q 真，或者 p 假并且 q 假"。据此，可以得出，一个不相容选言判断的负判断等值于一个相应的选言判断。这种关系可用下面的等值式来表示：

$$\neg(p \veebar q) \leftrightarrow (p \wedge q) \vee (\neg p \wedge \neg q)$$

例如：

>并非要么小李去要么小王去。

这一判断等值于：

>或者小李小王都去，或者小李小王都不去。

（4）充分条件假言判断的负判断的等值判断

充分条件假言判断的负判断是断定一个充分条件假言判断为假。根据充分条件假言判断的逻辑特性，当且仅当前件真而后件假时，该判断才为假。因此，否定一个充分条件假言判断 $p \rightarrow q$，就等于断定该判断的前件 p 真而后件 q 假。据此可以得出，一个充分条件假言判断的负判断等值于一个相应的联言判断。这种关系可以用下面的等值式来表示：

$$\neg(p \rightarrow q) \leftrightarrow p \wedge \neg q$$

例如：

>并非如果他生病，就会发烧。

这一判断等值于：

>他生病了，但没发烧。

（5）**必要条件假言判断的负判断的等值判断**

必要条件假言判断的负判断是断定一个必要条件假言判断为假。根据必要条件假言判断的逻辑特性，当且仅当前件假而后件真时，该判断才为假。因此，否定一个必要条件假言判断 $p \leftarrow q$，就等于断定该判断的前件 p 假而后件 q 真。据此可以得出，一个必要条件假言判断的负判断等值于一个相应的联言判断。这种关系可以用下面的等值式来表示：

$$\neg(p \rightarrow q) \leftrightarrow \neg p \wedge q$$

例如：

并非他只有考上大学，才能对社会有所贡献。

这一判断等值于：

他没考上大学，也能对社会有所贡献。

（6）充分必要条件假言判断的负判断的等值判断

充分必要条件假言判断的负判断是断定一个充分必要条件假言判断为假。根据充分必要条件假言判断的逻辑特性，当前件真后件假，或前件假后件真时，该判断为假。因此，否定一个充分必要条件假言判断 $p \leftrightarrow q$，就等于断定"该判断的前件 p 真而后件 q 假，或者前件 p 假而后件 q 真"。据此可以得出，一个充分必要条件假言判断的负判断，等值于一个相应的选言判断。这种关系可以用下面的等值式来表示：

$$\neg(p \leftrightarrow q) \leftrightarrow (p \wedge \neg q) \vee (\neg p \wedge q)$$

例如：

并非当且仅当物质文明搞好了，精神文明就能搞好。

这一判断等值于：

或者物质文明搞好了，但精神文明没搞好；或者物质文明没搞好，而精神文明搞好了。

（7）负判断的负判断的等值判断

负判断的负判断就是断定一个负判断为假。根据负判断的逻辑特性，当且仅当原负判断的支判断为真时，该判断为假。因此，

否定一个负判断 ¬p，就等于断定其支判断 p 真。据此可以得出，一个负判断的负判断，等值于原负判断的支判断。这种关系可以用下面的等值式来表示：

$$\neg\neg p \leftrightarrow p$$

例如：

"并非有的人不是自私的"这种说法是不对的。

这一判断等值于：

有的人不是自私的。

四、负判断的表达与运用

负判断也是一种常见的判断，当人们对一种错误的观点、主张进行批驳时，往往先要对其加以否定，即作出一个负判断。在日常语言中，负判断的否定联结词除了"并非"，还可以用"并不是"、"不是"、"不能认为"、"不能说"等来表示，也可以在语句的后面加上"是假的"、"这种说法是不对的"、"这种观点是荒谬的"等等来加以表示。有时，否定词也可以用在语句的中间。例如：

① "物体下落的速度与其重量成正比"这种说法是不对的。

② "风水可以定吉凶"这种观点是荒谬的。

③ 人不都是自私的。

值得注意的是，例③是将否定词置于语句的中间，否定的是表示全称肯定的"都是"，因此，整个判断应看作是负判断而非否定判断。试与下面这个判断加以比较：

④ 人都不是自私的。

例③是一个负判断，它等值于"有的人不是自私的"；而例④是一个全称否定判断，断定了"人"都不具有"自私"的性质。

在论辩中，论辩双方往往要对对方的论题加以否定，即作出一个负判断。然而论辩讲究有"破"有"立",作出一个负判断,这仅仅只完成了"破"这一步,"破"的目的是为了"立",所以还要再从负判断导出一个与之相等值的判断,以便对事物情况作出直接断定。例如:某次辩论赛中,甲方队员说:"艾滋病是一个医学问题,而不是一个社会问题。"乙方队员反驳道:"你这种观点有问题。艾滋病不仅是一个医学问题,同时也是一个社会问题。"在某乙的反驳中,包含了一个负判断:"并非艾滋病不是一个社会问题",而"艾滋病是一个社会问题"就是该负判断的等值判断,也即乙方队员所要表明并可能进一步加以阐述的观点。

练 习 题

一、指出下列语句各表达何种复合判断,并写出其逻辑形式:
1. 伟大的作品不但是已逝的历史之镜,常常又是未来时代的预言。
2. 多有不自满的人的种族,永远前进,永远有希望。
3. 并非有了写作知识就能写好文章。
4. 欲加之罪,何患无辞?
5. 这封信,要么是平信,要么是挂号信。
6. 自强不息,才能走出困境,走向成功。
7. 不能说他的成功是轻而易举的事情。
8. 有私心,就做不到坦坦荡荡;没有私心,才能做到坦坦荡荡。
9. 来人可能是他的同乡,也可能是他的亲戚。
10. 倘若不能从失败中吸取教训,那以后还会碰得头破血流。
11. 吃得苦中苦,方得甜中甜。
12. 兼听则明,偏信则暗。

二、请将下列假言判断转换成与之等值的另一个假言判断,并写出等值式。
1. 如果没有驾驶证,就不可以驾驶机动车在路上行驶。
2. 一个人只有首先尊重别人,才能赢得别人的尊重。

3. 只有了解老百姓所感兴趣的事情,才能创作出老百姓喜闻乐见的艺术作品。

4. 如果要想庄稼取得好收成,就得选好种子。

三、写出下列各对复合判断的逻辑形式,并指出哪些是等值关系,哪些是矛盾关系。

1. {商家诚实守信才能赢得消费者的信赖。
商家要想赢得消费者的信赖就必须诚实守信。

2. {如果一个人有能力,那么他有知识。
只有一个人没有能力,他才没有知识。

3. {如果一个人有知识,那么他有能力。
有的人有知识而无能力。

4. {只有一个人有能力,他才有知识。
有的人没有能力却有知识。

5. {当且仅当天气晴朗,则我们去郊游。
天气并不晴朗,而我们去郊游了。

6. {要么小张获奖,要么小李获奖。
或者小张小李都获奖,或者小张小李都没获奖。

7. {如果我们不从现在起就重视环境保护,那么人类总有一天将无法在这个地球上生活。
只要我们从现在起就重视环境保护,人类仍然可以在这个地球上生活。

四、指出下列负判断的种类,写出其等值判断,并列出等值式。

1. 并非有的人能够长生不老。
2. 并非一个运动着的物体受到外力影响就会改变运动的方向。
3. 并不是只有服用价格昂贵的进口药,你的病才会好。
4. 并非我和你都上场,才能取得比赛的胜利。
5. 说甲或乙是作案人是错误的。
6. 并非所有人都适合这项运动。
7. "并非地球不是太阳系最大的行星"这种说法是不对的。
8. 并非这个孩子长大后要么成为作家,要么成为音乐家。

五、指出下列判断是否恰当，并说明理由。

1. 他的两项科研成果不但达到了国际先进水平，而且也填补了国内空白。

2. 在抗洪救灾的战斗中，经过几昼夜惊心动魄的同洪水搏斗，战士们奋不顾身地跳进汹涌澎湃的激流，保住了大坝，战胜了洪水。

3. 大家如果不认真学好语文，就不会有较高的思想水平。

4. 一个人只要坚持每天锻炼身体，就能拥有强健的体魄。

5. 只有拥有美丽的容颜，才能获得真正的爱情。

6. 只有而且只要水的温度达到 100 摄氏度，水就会沸腾。

第六章 复合判断的推理

第一节 联言推理

一、什么是联言推理

联言推理就是以联言判断为前提或结论,并根据联言判断的逻辑特性进行推演的一种演绎推理。例如:

创作自由与社会责任感是应该统一的,也是可以统一的,
_____
所以,创作自由与社会责任感是可以统一的。

上例中,前提是一个联言判断,结论是该联言判断的支判断中的一个。

联言推理的理论依据是联言判断的逻辑性质,即当且仅当所有的联言支为真,该联言判断才为真。因此,如果已知一个联言判断的每个支判断都真,就可推知该联言判断为真;而如果已知一个联言判断为真,就可推知它的任一支判断为真。这样,就决定了联言推理有两种有效式:分解式和合成式。

二、联言推理的分解式

联言推理的分解式是以一个联言判断为前提,以这个联言判断的一部分支判断为结论的联言推理。其逻辑形式是:

$$\frac{p \text{ 并且 } q}{\text{所以},p} \qquad \frac{p \text{ 并且 } q}{\text{所以},q}$$

以上两式也可以用符号表示为:

$$\frac{p \wedge q}{\therefore p} \qquad \frac{p \wedge q}{\therefore q}$$

分解式联言推理,由前提的肯定整体,到结论的突出重点。在认识过程中有其不容忽视的意义。例如:

$$\frac{\text{我们的干部要德才兼备,}}{\text{所以,我们的干部要有德。}}$$

上例中,先肯定一个总的原则,然后突出其中一个方面,对于有些单位选择干部时只重才干而忽视品德的倾向作了必要的提醒。

三、联言推理的合成式

联言推理的合成式是以两个或两个以上的判断为前提,以这几个判断所构成的联言判断为结论的联言推理式。其逻辑形式是:

$$\frac{p}{q}$$
$$\overline{\text{所以},p \text{ 并且 } q}$$

这个公式也可以用符号表示为:

$$\begin{array}{c} p \\ q \\ \hline \therefore p \wedge q \end{array}$$

合成式联言推理,是由前提中对各个局部的认识,到结论中对总体的认识,这符合人们认识事物的一般过程,在认识过程中的意义也是不容忽视的。例如:

> 计划生育是我国必须长期坚持的基本国策;
> 环境保护是我国必须长期坚持的基本国策;
> ———————————————————————
> 所以,计划生育和环境保护都是我国必须长期坚持的基本国策。

上例中,先是分别对于"计划生育"和"环境保护"作出断定,最后将二者综合为一个联言判断。

四、联言推理的运用与表达

联言推理比较简单,容易为人们所忽视,但在实际认识过程中是运用得比较多的。论述问题由总论到分论或由分论到总论,往往是运用分解式或合成式的联言推理。比如邓小平同志在改革开放的不同时期曾经分别指出"教育要面向现代化"、"教育要面向世界"、"教育要面向未来",并联系我国实际加以阐述,1983年10月1日参观北京景山学校时题词:"教育要面向现代化,面向世界,面向未来",将自己多年来对于教育问题的认识作了总结,为我国教育事业的发展指明了方向。这就是合成式的联言推理在实际工作中的具体运用。

联言推理在人们的认识活动和思想交流中运用比较广泛。如果人们要在肯定整体的同时突出重点,就往往选用联言推理的分解式;如果要形成对于事物的整体的、全面的认识,就往往选用联言推理合成式。

本节关于联言推理所举的例子,其两种有效推理式是独立运用的。而在实际思维中,联言推理也常常和其他推理形式综合运用。因此,学会正确运用联言推理是很有必要的。

第二节 选言推理

一、什么是选言推理

选言推理是前提中有一个选言判断,并且根据选言判断的逻辑特性进行推演的演绎推理。例如:

他要么去上课了,要么在办公室批改作业;
他没在办公室;

所以,他一定在上课。

上例中,前提之一是选言判断,另一个前提是对选言前提的一个选言支加以否定,结论则肯定了选言前提的另一个选言支。

选言推理根据其选言前提的种类相应地分为相容选言推理和不相容选言推理。

二、不相容选言推理

不相容选言推理是前提中有一个不相容选言判断的选言推理。不相容选言推理的理论依据是不相容选言判断的逻辑特性,即,当且仅当一个不相容选言判断为真,则其支判断有且仅有一真(即至少有一真,至多也只有一真)。既然其支判断至少有一个为真,那么以包含两个选言支的不相容选言判断为前提,再以另一个前提否定其中一个选言支,就可以推出肯定另一个选言支的结论。这种推理形式叫做不相容选言推理的否定肯定式。其逻辑

形式是:

　　要么 p，要么 q　　　　　要么 p，要么 q
　　非 p　　　　　　　　　　　非 q
　　―――――――　　　　　　―――――――
　　所以，q　　　　　　　　　所以，p

以上两式也可以用符号表示为：

$$p \veebar q$$
$$\neg p$$
$$\therefore q$$

$$p \veebar q$$
$$\neg q$$
$$\therefore p$$

例如：

> 一场战争，要么是正义战争，要么是非正义战争；
> 我国人民为抵抗日本侵略者而进行的战争不是非正义战争；
> ―――――――
> 所以，我国人民为抵抗日本侵略者而进行的战争是正义战争。

由于不相容选言判断的选言支至多也只有一真，因此，以包含两个选言支的不相容选言判断为前提，再以另一个前提肯定其中的一个选言支，就可以推出否定另一个选言支的结论。这种推理形式叫做不相容选言推理的肯定否定式。其逻辑形式是：

　　要么 p，要么 q　　　　　要么 p，要么 q
　　p　　　　　　　　　　　　q
　　―――――――　　　　　　―――――――
　　所以，非 q　　　　　　　所以，非 p

以上两式也可以用符号表示为：

$$p \veebar q$$
$$p$$
$$\therefore \neg q$$

$$p \veebar q$$
$$q$$
$$\therefore \neg p$$

例如：

面对社会的激烈竞争，大学生们要么是努力学习各种技能以求在竞争中立于不败之地，要么是不思进取而被社会淘汰；

大学生们不愿被社会淘汰；

所以，大学生们应努力学习各种技能以求在竞争中立于不败之地。

不相容选言推理的选言前提也可以包含不止两个选言支，例如：

这次会议要么在北京举行，要么在上海举行，要么在广州举行；

这次会议不在北京举行，也不在上海举行；

所以，这次会议在广州举行。

这是不相容选言推理的否定肯定式，其逻辑形式是：

要么 p，要么 q，要么 r
非 p 且非 q

所以，r

这个公式也可以用符号表示为：

$$p \veebar q \veebar r$$
$$\neg p \wedge \neg q$$
$$\therefore r$$

再如：

>这次会议要么在北京举行,要么在上海举行,要么在广州举行;
>
>这次会议在北京举行;
>
>所以,这次会议不在上海举行,也不在广州举行。

这是不相容选言推理的肯定否定式,其逻辑形式是:

>要么 p,要么 q,要么 r
>
>p
>
>所以,非 q 且非 r

这个公式也可以用符号表示为:

>$p \dot\vee q \dot\vee r$
>
>p
>
>$\therefore \neg q \wedge \neg r$

综上所述,不相容选言推理有两种正确式:否定肯定式和肯定否定式,其有效性可以从不相容选言判断的真值表得到验证。

不相容选言推理有两条规则:

规则(1) 否定一部分选言支,必然要肯定另一部分选言支;

规则(2) 肯定一部分选言支,必然要否定另一部分选言支。

三、相容选言推理

相容选言推理就是前提中有一个相容选言判断的选言推理。

相容选言推理的理论依据是相容选言判断的逻辑性质,即一个相容选言判断为真,则其选言支至少有一真;当且仅当所有选言支都假,该相容选言判断才为假。既然其支判断至少有一个为真,那么以包含两个选言支的相容选言判断为前提,再以另一个前提否定其中一个选言支,可以推出肯定另一个选言支的结论。这种推理形式叫做相容选言推理的否定肯定式。其逻辑形式是：

p 或者 q　　　　　　p 或者 q
非 p　　　　　　　　　非 q
———————　　　　———————
所以，q　　　　　　　所以，p

以上两式也可以用符号表示为：

$p \vee q$　　　　　　　$p \vee q$
$\neg p$　　　　　　　　$\neg q$
———　　　　　　　　———
$\therefore q$　　　　　　　$\therefore p$

例如：

这孩子腹泻或者是因为受凉，或者是因为吃了不清洁的东西；
这孩子腹泻不是因为受凉；
———————————————————
所以，这孩子腹泻是因为吃了不清洁的东西。

相容选言推理的选言前提也可以包含不止两个选言支，例如：

这孩子腹泻或者是因为受凉，或者是因为吃了不清洁的东西，或者是因为暴饮暴食导致消化不良；
这孩子腹泻不是因为吃了不清洁的东西，也不是因为暴饮暴食导致消化不良；
———————————————————
所以，这孩子腹泻是因为受凉。

这是相容选言推理的否定肯定式，其逻辑形式是：

或者 p，或者 q，或者 r
非 p 且非 q，
———————————
所以，r

这个公式也可以用符号表示为：

$$p \vee q \vee r$$
$$\neg p \wedge \neg q$$
$$\therefore r$$

否定肯定式是相容选言推理唯一的有效形式，其有效性可以从相容选言判断的真值表得到验证。由于相容选言判断并未断定其选言支仅有一真，因此，不能由肯定其一部分选言支推出否定另一部分选言支的结论，即相容选言推理没有"肯定否定式"。例如下面的相容选言推理，其形式是不正确的：

这孩子腹泻或者是因为受凉，或者是因为吃了不清洁的东西；

这孩子腹泻是因为受凉；

所以，他腹泻不是因为吃了不清洁的东西。

综上所述，相容选言推理只有一种正确式：否定肯定式。

相容选言推理也有两条规则：

规则（1） 否定一部分选言支，必然要肯定另一部分选言支；

规则（2） 肯定一部分选言支，不能必然否定另一部分选言支。

四、选言推理的运用与表达

选言推理在日常工作、生活中也是运用得较多的。人们在分析或解决某一问题的过程中，要求事先估计到关于这一问题的各种可能情况，然后通过调查研究，排除其中的一部分可能性，从而作出正确的选择，找到解决问题的有效办法。这种"排除法"，实际上就是选言推理的具体运用。例如，某人工作做得不好，无非是主观和客观两方面的原因，仔细分析后发现，客观方面不存在什么障碍,那么就可以得出结论:某人工作做得不好是由其自身的主观原因所致。这里所用的就是选言推理的否定肯定式。医生治病,修理人员检修机械故障,工程立项,乃至人们升学就业等等,都经常要面临选择,作出取舍,都要运用到选言推理。

选言推理在自然语言中的表达形式是灵活多样的。这种灵活多样性首先表现在选言推理往往采用省略式,例如宋代欧阳修的《醉翁亭记》中有这样一句:"醉翁之意不在酒,在乎山水之间也",实际表达了一个否定肯定式的相容选言推理,可补充整理如下:

醉翁之意或者在酒,或者在山水之间;
醉翁之意不在酒;
——————————
所以,醉翁之意在山水之间。

选言推理的省略式有时可由具有取舍意义的选择复句来表达,例如:

① 临渊羡鱼,不如退而结网。
② 宁要好梨一个,不要烂梨一筐。

这两个语句,都是具有取舍意义的选择复句,它们分别表达一个省略选言前提的选言推理。例①可补充整理为:

要么临渊羡鱼,要么退而结网;
不愿临渊羡鱼;
——————————
所以,要退而结网。

例②可补充整理为:

要么要好梨一个,要么要烂梨一筐;
我们要好梨一个;
——————————
所以,我们不要烂梨一筐。

运用取舍关系的选择复句表达选言推理,往往显得立场鲜明,语言简洁有力。但是取舍关系的选择复句是二中取一,如果可选择的情况不止两个而又使用这种选择复句,就可能因遗漏真实的选言支而出现推理错误。故意遗漏真实选言支从而推出错误的结论,是诡辩论者惯用的伎俩。例如:

宁要社会主义的草,不要资本主义的苗。

姑且不论给"草"和"苗"强加阶级属性是否合乎事理,单就该选言推理所省略的选言前提"要么要社会主义的草,要么要资本主义的苗"而言,实际上是故意漏掉了两个选言支,"要社会主义的苗"和"要资本主义的草",因而该推理也不可能是正确的。

第三节 假言推理

一、什么是假言推理

假言推理就是前提中有一个假言判断,并通过另一个前提对假言前提的前件或后件加以肯定或否定,然后根据假言前提前后件的逻辑关系推出结论的演绎推理。例如:

只要是我自己做出的决定,我就不会后悔;
进师范学校是我自己做出的决定;
——————————————
所以,我不会后悔。

假言推理的前提除有一个是假言判断外,另一个通常为直言判断,结论通常也是直言判断,因此又被称为假言直言推理。本书按照传统逻辑的习惯简称为假言推理。

假言推理的逻辑依据是假言前提前后件之间的关系,三种假言判断前后件之间的关系各不相同,因此,假言推理也就分为三种:充分条件假言推理、必要条件假言推理和充分必要条件假言推理。

二、充分条件假言推理

充分条件假言推理,就是前提中有一个充分条件假言判断,并根据其前后件的逻辑关系推出结论的演绎推理。

从真值表可以看出,一个真的充分条件假言判断,当它的前件真时,其后件必然是真的,因此,可以通过肯定其前件推出肯定其后件的结论。这种推理形式叫做充分条件假言推理的肯定前件式。其逻辑形式是:

如果 p,那么 q
p
─────────
所以,q

这个公式也可以用符号表示为:

$p \to q$
p
─────────
$\therefore q$

例如:

只要我这件事做得对,就不怕别人说三道四;
我这件事做得对;
─────────
所以,我不怕别人说三道四。

根据真值表还可知,一个真的充分条件假言判断,当它的后件假时,其前件必然是假的,因此,可以通过否定其后件推出否定其前件的结论。这种推理形式叫做充分条件假言推理的否定后件式。其逻辑形式是:

如果 p,则 q
非 q
—————
所以,非 p

这个公式也可以用符号表示为:

$p \rightarrow q$
$\neg q$
—————
$\therefore \neg p$

例如:

如果这个三段论的形式是正确的,那么它不会出现四个项;
这个三段论有四个项;
——————————————————
所以,这个三段论的形式不正确。

从真值表可以看出,一个真的充分条件假言判断,当其前件假时,后件可真可假,因此,不能通过否定其前件必然推出否定其后件的结论。这就是说,充分条件假言推理没有否定前件式。请看下面这个推理:

如果这个三段论的形式是正确的,那么它不会出现四个项;
这个三段论的形式不正确;
——————————————————
所以,这个三段论有四个项。

显然这一推理形式是不正确的,有可能从真前提推出假结论。事实上,一个三段论形式不正确,还可能有其他原因,不一定是因为犯了"四项的错误"。

根据真值表,一个真的充分条件假言判断,其后件真时,前件也是可真可假，因此，不能通过肯定其后件必然推出肯定其前件的结论。这就是说，充分条件假言推理没有肯定后件式。请看下面这个推理：

  如果这个三段论的形式是正确的，那么它不会出现四个项；

  这个三段论没有出现四个项；

  所以，这个三段论的形式是正确的。

这一推理形式同样也是不正确的，也有可能从真前提推出假结论。

  综上所述，充分条件假言推理有两种有效推理形式：肯定前件式和否定后件式。

  充分条件假言推理的规则有四条：

  规则（1） 肯定前件，必然要肯定后件；

  规则（2） 否定后件，必然要否定前件；

  规则（3） 否定前件，不能必然否定后件；

  规则（4） 肯定后件，不能必然肯定前件。

三、必要条件假言推理

  必要条件假言推理，就是前提中有一个必要条件假言判断，并根据其前后件的逻辑关系推出结论的演绎推理。

  根据真值表，一个真的必要条件假言判断，当它的前件假时，其后件必然是假的，因此，可以通过否定其前件推出否定其后件的结论。这种推理形式叫做必要条件假言推理的否定前件式。其逻辑形式是：

  只有 p，才 q

  非 p

  所以，非 q

这个公式也可以用符号表示为：

$$p \leftarrow q$$
$$\neg p$$
$$\therefore \neg q$$

例如：

他只有认识到错误，才能改正错误；

他认识不到自己的错误；

所以，他不能改正错误。

根据真值表还可以知道，一个真的必要条件假言判断，当它的后件真时，其前件必然是真的。因此，可以通过肯定其后件推出肯定其前件的结论。这种推理形式叫做必要条件假言推理的肯定后件式。其逻辑形式是：

只有 p，才 q

q

所以，p

这个公式也可用符号表示为：

$$p \leftarrow q$$
$$q$$
$$\therefore p$$

例如：

这名运动员只有平时刻苦训练，才能在比赛中取得好成绩；

这名运动员在比赛中取得了好成绩；

可见，这名运动员平时是刻苦训练的。

从真值表可以看出，一个真的必要条件假言判断，当其前件真时，后件可真可假，因此，不能通过肯定其前件必然推出肯定其后件的结论。这就是说，必要条件假言推理没有肯定前件式。请看下面这个推理：

只有意志坚强，才能取得成功；
他意志坚强；
──────────────────
所以，他一定能取得成功。

显然这一推理形式是不正确的，有可能从真前提推出假结论。事实上，一个人取得成功，除了要有坚强的意志，还需要掌握一定的方式方法、技能以及好的机遇。

根据真值表，一个真的必要条件假言判断，当其后件假时，前件可真可假，因此，不能通过否定其后件必然推出否定其前件的结论。这就是说，必要条件假言推理没有否定后件式。请看下面这个推理：

只有意志坚强，才能取得成功；
他没有取得成功；
──────────────────
所以，他意志不坚强。

这一推理形式同样是不正确的，也有可能从真前提推出假结论。一个人没取得成功，不一定是意志不坚强，也可能是因为方法不对，或者能力有限等其他原因。

综上所述，必要条件假言推理有两种有效推理式：否定前件式和肯定后件式。

必要条件假言推理的规则有四条：

规则（1） 否定前件，必然要否定后件；
规则（2） 肯定后件，必然要肯定前件；
规则（3） 肯定前件，不能必然肯定后件；

规则(4) 否定后件,不能必然否定前件。

四、充分必要条件假言推理

充分必要条件假言推理,就是前提中有一个充分必要条件假言判断,并根据其前后件的逻辑关系推出结论的演绎推理。

根据真值表,一个真的充分必要条件假言判断,当它的前件真时,其后件必然是真的,因此,可以通过肯定其前件推出肯定其后件的结论。这种推理形式叫做充分必要条件假言推理的肯定前件式。其逻辑形式是:

当且仅当 p,则 q
p
———————————————
所以,q

这个公式也可用符号表示为:

$p \leftrightarrow q$
p
———————
$\therefore q$

例如:

当且仅当这个数能被 2 整除,则它是偶数;
这个数能被 2 整除;
———————————————————
所以,这个数是偶数。

根据真值表可知,一个真的充分必要条件假言判断,当它的前件假时,其后件必然是假的,因此,可以通过否定其前件推出否定其后件的结论。这种推理形式叫做充分必要条件假言推理的否定前件式。其逻辑形式是:

当且仅当 p,则 q
非 p

所以,非 q

这个公式也可用符号表示为:

$p \leftrightarrow q$
$\neg p$

$\therefore \neg q$

例如:

当且仅当这个数能被 2 整除,则它是偶数;
这个数不能被 2 整除;

所以,这个数不是偶数。

根据真值表还可知道,一个真的充分必要条件假言判断,当它的后件真时,其前件必然是真的,因此,可以通过肯定其后件推出肯定其前件的结论。这种推理形式叫做充分必要条件假言推理的肯定后件式。其逻辑形式是:

当且仅当 p,则 q
q

所以,p

这个公式也可用符号表示为:

$p \leftrightarrow q$
q

$\therefore p$

例如:

当且仅当这个数能被 2 整除,则它是偶数;
这个数是偶数;

所以,这个数能被 2 整除。

根据真值表同样可以知道,一个真的充分必要条件假言判断,当它的后件假时,其前件必然是假的,因此,可以通过否定其后件推出否定其前件的结论。这种推理形式叫做充分必要条件假言推理的否定后件式。其逻辑形式是:

当且仅当 p,则 q
非 q

所以,非 p

这个公式也可用符号表示为

$p \leftrightarrow q$
$\neg q$

$\therefore \neg p$

例如:

当且仅当这个数能被 2 整除,则它是偶数;
这个数不是偶数;

所以,这个数不能被 2 整除。

综上所述,充分必要条件假言推理有四种有效推理式:肯定前件式、否定前件式、肯定后件式、否定后件式。

充分必要条件假言推理的规则有四条:

规则(1) 肯定前件,必然要肯定后件;
规则(2) 否定前件,必然要否定后件;
规则(3) 肯定后件,必然要肯定前件;
规则(4) 否定后件,必然要否定前件。

五、假言推理的运用与表达

假言推理在日常思维中运用得十分广泛。假言推理的客观基础是普遍存在于事物之间的联系和关系。在日常学习、工作、生活中常常要研究这些联系和关系,因而常常要运用假言推理。对未来作种种预测常常用到假言推理;论述问题、驳斥谬误时也往往要运用假言推理。例如:据说俄国作家赫尔岑有一次去作客,主人家演奏音乐,赫尔岑竟睡着了。醒来后,主人问他:"你不喜欢这些音乐吗?它们都是现在流行的。"他说:"难道流行的都是好东西吗?""不好,为什么会流行呢?""那么流行性感冒也是好东西吗?"这里省略了小前提和结论。这一段话包含这样一个否定后件式的充分条件假言推理:

> 如果流行的都是好东西,那么流行性感冒也是好东西;
> 流行性感冒不是好东西;
> ─────────────
> 所以,并非流行的都是好东西。

这一推理,就是由后件的假推出前件的荒谬。

假言推理的语言表达常常采用省略式。例如:

① 你这么不用功,成绩肯定不会好。

这里包含一个省略了假言前提的必要条件假言推理的否定前件式,可以补充整理如下:

> 你只有用功,成绩才会好;
> 你不用功;
> ─────────────
> 所以,你的成绩肯定不会好。

② 老师说,只要做得对,就不用管别人怎么说。那我还有什么好怕的?

这里包含一个省略了直言前提的充分条件假言推理的肯定前件式,可以补充整理如下:

> 只要我做得对,就不用管别人怎么说;
> 我做得对;
> ——————————————————————
> 所以,我不用管别人怎么说。

③ 你想成为伟大的人,这个想法是好的。但要知道,只有付出超常的努力,才能成为伟大的人。你做得还不够啊。

这里包含一个省略了结论的必要条件假言推理的否定前件式,可以补充整理如下:

> 你只有付出超常的努力,才能成为伟大的人;
> 你想成为伟大的人;
> ——————————————————————
> 所以,你应当付出超常的努力。

汉语中有一种推论式的因果复句也可以表达充分条件假言推理。例如:

> 既然生活中有悲剧,文学作品就可以写悲剧。

这里包含了一个省略假言前提的充分条件假言推理,可补充整理如下:

> 如果生活中有悲剧,文学作品就可以写悲剧;
> 生活中有悲剧;
> ——————————————————————
> 所以,文学作品可以写悲剧。

还有一种较为特殊的假设复句,也可以看作充分条件假言推理的省略形式。例如:

> 如果不是经过周密策划,就不可能有多枚导弹如此准确地击中同一个目标。

这个假设复句的特殊之处在于采用了"如果不……，就不……"的形式，并在后一分句中加进了"如此"二字，表示后一分句所说的本不可能发生的情况，事实上已经发生了。因此，这个语句实际上表达了两个判断，一个是充分条件假言判断"如果不是经过周密策划，就不可能有多枚导弹准确地击中同一个目标"；另一个是包孕在该充分条件假言判断后件之中的直言判断"有多枚导弹准确地击中了同一个目标"，它是对那个假言判断后件的否定。否定后件必然要否定前件，这就可以得出结论"（此事）是经过周密策划的"。这个结论在语言中被省略了。以这种句式表达假言推理，文字特别简洁，有很强的逻辑力量。

使用省略式表达假言推理，可以使语言显得简洁有力，但由于有一个前提或结论被省去，往往使得前提的不真实或形式的不正确被掩盖了。而这恰恰也是许多诡辩者惯用的伎俩。例如：

① 他一天到晚泡在图书馆里，真是个书呆子。

② 我没有以权谋私，怎么能说我不是一个好领导呢？

以上两例都是错误的推理。例①是省略了假言前提的充分条件假言推理肯定前件式，可补充整理为：

如果他一天到晚泡在图书馆里，他就是个书呆子；

他一天到晚泡在图书馆里；
_____
所以，他一定是个书呆子。

很显然，被省略的假言前提是不真实的。

例②是个省略了假言前提的充分条件假言推理，可补充整理为：

> 如果我以权谋私,那我就不是一个好领导;
>
> 我没有以权谋私;
>
> 所以,我是一个好领导。(怎么能说我不是一个好领导呢?)

这一推理违反了充分条件假言推理关于否定前件不能必然否定后件的规则。虽然没有以权谋私,但工作不负责任、平庸无能等等也都可以作为不是一个好领导的充分条件。从"没有以权谋私",不能推出"我是一个好领导"的结论来。

第四节 假言连锁推理

一、什么是假言连锁推理

假言连锁推理就是由两个或两个以上的假言判断作前提推出一个假言判断为结论的演绎推理。

在假言连锁推理中,前一个假言前提的后件与后一个假言前提的前件相同,这样,几个前提就像链条一样,一环扣一环地连接起来。这种推理是对客观事物之间一连串条件和结果的联系的反映,因此叫做假言连锁推理。又因为其前提与结论都是假言判断,故又称为纯假言推理。例如:

> 只有注意开发青少年的智力,才能提高教育质量;
>
> 只有提高教育质量,才能培养更多人才;
>
> 只有培养更多人才,才能加快现代化建设步伐;
>
> 所以,如果要加快现代化建设步伐,就必须注意开发青少年的智力。

二、假言连锁推理的种类

常见的假言连锁推理有充分条件假言连锁推理和必要条件假言连锁推理两种。

1. 充分条件假言连锁推理

充分条件假言连锁推理就是前提和结论皆为充分条件假言判断的假言连锁推理。它是根据充分条件假言判断前后件之间的关系进行推演的。常见的充分条件假言连锁推理有以下两种有效式。

（1）肯定式

这种推理的特点是：结论的前件肯定第一个前提的前件，结论的后件肯定最后一个前提的后件。例如：

> 如果对森林滥砍滥伐，就会造成水土流失；
> 如果造成水土流失，就会破坏生态平衡；
> ────────────────
> 所以，如果对森林滥砍滥伐，就会破坏生态平衡。

其逻辑形式是：

> 如果 p，那么 q
> 如果 q，那么 r
> ────────────
> 所以，如果 p，那么 r

这个公式也可以用符号表示为：

$$p \rightarrow q$$
$$q \rightarrow r$$
$$\therefore p \rightarrow r$$

（2）否定式

这种推理的特点是：结论的前件否定最后一个前提的后件，结论的后件否定第一个前提的前件。例如：

如果排进河中的污水含汞量过高,那么这些汞就会被河中藻类等浮游生物所吸收;

如果这些汞被河中藻类等浮游生物所吸收,那么以藻类等浮游生物为食的鱼体内就会积蓄起大量的汞;

如果这些鱼体内积蓄起大量的汞,那么人吃了这种鱼就会引起汞中毒;
—————————————————————
所以,如果要避免人吃了这种鱼而引起的汞中毒,那么就不能让含汞量过高的污水排进河中。

其逻辑形式是:

如果 p,那么 q
如果 q,那么 r
如果 r,那么 s
—————————————————
所以,如果非 s,那么非 p

这个公式也可以用符号表示为:

$p \rightarrow q$
$q \rightarrow r$
$r \rightarrow s$
—————————
$\therefore \neg s \rightarrow \neg p$

由于充分条件假言连锁推理是根据前提中充分条件假言判断的前后件关系推出结论的,因而在推理的过程中,必须遵守充分条件假言推理的有关规则。

2. 必要条件假言连锁推理

必要条件假言连锁推理就是前提皆为必要条件假言判断的假言连锁推理。它是根据必要条件假言判断前后件之间的关系进行推演的。常见的必要条件假言连锁推理有以下两种有效式。

(1) 否定式

这种推理的特点是：结论的前件否定第一个前提的前件，结论的后件否定最后一个前提的后件。例如：

只有努力学习，才能获取知识；
只有获取知识，才能提高素质；
_____
所以，如果不努力学习，就不能提高素质。

其逻辑形式是：

只有 p，才 q
只有 q，才 r
_____
所以，如果非 p，则非 r

这个公式也可以用符号表示为：

$p \leftarrow q$
$q \leftarrow r$
_____
$\therefore \neg p \rightarrow \neg r$

(2) 肯定式

这种推理的特点是：结论的前件肯定最后一个前提的后件，结论的后件肯定第一个前提的前件。例如：

只有努力学习，才能获取知识；
只有获取知识，才能提高素质；
_____
所以，如果要提高素质，就要努力学习。

其逻辑形式是：

只有 p，才 q；
只有 q，才 r；
─────────────
所以，如果 r，则 p

这个公式也可以用符号表示为：

$$p \leftarrow q$$
$$q \leftarrow r$$
$$\therefore r \rightarrow p$$

由于必要条件假言连锁推理是根据前提中必要条件假言判断的前后件关系推出结论的，因而在推理的过程中，必须遵守必要条件假言推理的有关规则。

三、假言连锁推理的运用与表达

假言连锁推理同假言直言推理一样，也是以事物之间的条件与结果的关系为客观依据的。在实践中我们可以看到，一种事物情况的出现，往往会导致一个连锁反应，相继出现一连串的现象，假言连锁推理就是通过几个假言判断环环相扣地连接，令人信服地将原来看起来毫不相干的两个事物情况联系到一起。例如，某年某地区有大规模火山爆发，有一位商人预测来年该地区及临近地区粮价会暴涨，于是购买了大量的粮食运往该地，第二年该地区粮价果然暴涨，这位商人因此发了一笔财。表面看起来粮价暴涨和火山爆发是风马牛不相及的，可是只要分析一下那位商人的推理过程，就可以看出二者之间的联系：

> 如果有大规模火山爆发，那么将有大量烟尘充斥大气空间；
> 如果有大量烟尘充斥大气空间，那么阳光对农作物的照射量就不足；
> 如果阳光对农作物的照射量不足，那么第二年农作物必将减产；
> 如果农作物减产，那么粮食价格必将暴涨；
>
> 所以，如果有大规模火山爆发，那么第二年粮食价格必将暴涨。

高手下棋，运用假言连锁推理可以预见未来的五步乃至十步棋；决策者运用假言连锁推理能够做到高瞻远瞩，从长计议，可以避免急功近利所导致的不良后果。例如：当市场上家电产品普遍刮起"降价风"的时候，某家电集团始终不跟风不降价。该集团的决策者们是这样考虑的：如果降低产品价格，那么就将削减本该用于新产品开发和售后服务的费用；而如果没有新产品的推出，售后服务质量又得不到保证，就将影响到本集团的产品在未来市场上的占有量。因此，如果降低产品价格，就会影响到本集团的产品在未来市场上的占有量，不利于集团的长期发展。基于这样的考虑，该家电集团在产品质量和售后服务上下工夫，虽然其产品比市场上同类产品的价格要高一些，但仍取得了骄人的销售业绩，并树立起了良好的企业形象。

在实际语言表达中，假言连锁推理常以省略形式出现，使一环与一环之间联系更加紧密，语言简洁有力。例如：

> 唐太宗有一次对他的侍臣说："夫欲盛则费广，费广则赋重，赋重则民愁，民愁则国危，国危则君殆矣。朕常以此思之，故不敢纵欲也。"

唐太宗的话表达的是一个充分条件假言连锁推理的省略式，省略的结论是：所以，夫欲盛则君殆矣。语言洗炼，推理严密，令人信服。

这种首尾相连、环环相扣的表达形式，在修辞中称为"连珠体"。

第五节 二难推理

一、什么是二难推理

二难推理就是以两个充分条件假言判断和一个选言判断为前提而构成的演绎推理。例如：

如果某人干工作实事求是，那么他不应该唯上；
如果某人干工作实事求是，那么他不应该唯书；
某人干工作或者唯上，或者唯书；

所以，某人干工作不实事求是。

这个推理，其前提反映事物存在着两种可能性，并且每种可能性的实现都会导致某种结果，即这种结果是不可避免的。这种推理，常使人陷入一种左右为难的境地，因此叫做"二难推理"。又因为这种推理前提由假言判断和选言判断共同构成，因此又叫做"假言选言推理"。

二、二难推理的形式

二难推理根据结论的不同分为简单式与复杂式。结论为简单判断（性质判断）的叫简单式，结论为复合判断（选言判断）的叫复杂式。

二难推理还可以分为构成式与破坏式。二难推理的假言前提都是充分条件假言判断，结论的获得是运用了充分条件假言推理肯定前件式的就叫构成式，用否定后件式的叫破坏式。

综合以上分类情况,二难推理的形式共有四种:简单构成式、简单破坏式、复杂构成式、复杂破坏式。

1. 简单构成式

这是以选言前提肯定两个假言前提不同的前件,结论肯定其相同的后件的一种推理式。其逻辑形式可表示为:

如果 p,那么 r
如果 q,那么 r
p 或者 q
―――――――――
所以,r

这个公式也可以表示为:

$p \rightarrow r$
$q \rightarrow r$
$p \vee q$
―――――――
$\therefore r$

这种二难推理的特点是:它的两个假言前提前件不同而后件相同,其选言前提的两个选言支分别肯定两个假言前提的前件,而结论肯定其后件。例如:

如果你愿意改正错误,对你的错误我要提出批评意见;

如果你不愿意改正错误,对你的错误我更要提出批评意见;

或者你愿意改正错误,或者你不愿意改正错误;
―――――――――――――――――――――
总之,对你的错误我都要提出批评意见。

2. 简单破坏式

这是以选言前提否定两个假言前提不同的后件,结论否定其

相同的前件的一种推理式,其逻辑形式可表示如下:

　　如果 p,那么 q
　　如果 p,那么 r
　　非 q 或者非 r
　　―――――――――
　　所以,非 p

这个公式也可以表示为:

$$p \rightarrow q$$
$$p \rightarrow r$$
$$\neg q \vee \neg r$$
$$\therefore \neg p$$

这种二难推理的特点是:它的两个假言前提前件相同而后件不同,其选言前提的两个选言支分别否定两个假言前提的后件,结论否定其前件。例如:

　　如果你要登上这座高峰,就得有足够的毅力;
　　如果你要登上这座高峰,就得有足够的体力;
　　你或者毅力不够,或者体力不足;
　　―――――――――――――――
　　所以,你不能登上这座高峰。

3. 复杂构成式

这是以选言前提肯定两个假言前提不同的前件,结论肯定其不同的后件的一种推理式。其逻辑形式可表示为:

　　如果 p,那么 r
　　如果 q,那么 s
　　p 或者 q
　　―――――――
　　所以,r 或者 s

这个公式也可以表示为：

$$p \to r$$
$$q \to s$$
$$p \lor q$$
$$\therefore r \lor s$$

这种二难推理形式的特点是：它的两个假言前提前后件皆不相同，其选言前提的两个选言支分别肯定两个假言前提的前件，结论肯定其后件。例如：

有首古诗写一个女子想把御寒衣物寄给丈夫，但又左右为难：

欲寄君衣君不还，

不寄君衣君又寒。

寄与不寄间，

妾身千万难。

这首诗可以整理为复杂构成式的二难推理。

如果把衣服寄给夫君，夫君就不会回家团聚；如果不把衣服寄给夫君，夫君在外就要受冻；

或者把衣服寄给夫君，或者不把衣服寄给夫君；

所以，或者夫君不回家团聚，或者夫君在外受冻。（总之，都会让我心痛、为难。）

4. 复杂破坏式

这是以选言前提否定两个假言前提不同的后件，结论否定其不同的前件的一种推理式。其逻辑形式可表示如下：

如果 p，那么 r

如果 q，那么 s

非 r 或者非 s

所以，非 p 或者非 q

这个公式也可以表示为：

$$p \to r$$
$$q \to s$$
$$\neg r \lor \neg s$$
$$\therefore \neg p \lor \neg q$$

这种二难推理形式的特点是：它的两个假言前提前后件皆不相同，其选言前提分别否定两个假言前提的后件，结论否定其前件。例如：

> 如果某领导关心群众疾苦，那么群众就会爱戴他；
> 如果某领导胜任本职工作，那么群众就会信任他；
> 某领导或者群众不爱戴他，或者群众不信任他；
>
> 所以，某领导或者是不关心群众疾苦，或者是不胜任本职工作。

三、二难推理的运用与表达

二难推理是辩论中常用的一种推理形式。在辩论中，辩论的一方常常提出一个反映事物两种可能情况的选言判断，然后又由两种可能情况引申出让对方难以接受的结论，使对方陷于左右为难的境地。

例如，据说大美术家米开朗基罗有一次给教堂绘制巨幅油画《亚当与夏娃》时，若有所思地问身边的神学家："亚当有没有肚脐眼？"这一问让神学家们无言以对。这个问题看似荒唐，然而着实刺激了严肃正统的基督教会。据《圣经》记载，上帝按自己的形象创造了亚当，又从亚当身上抽取一根肋骨创造出夏娃。由这最早的一对男女开始，生育繁衍了人类。亚当是最早和最完美的人，我们今天每个人都有与生俱来的肚脐，由此推断亚当也应该有。但是，亚当是上帝按自己的形象创造的，如果亚当有肚脐，上帝也应该有肚脐，可是上帝要肚脐有什么用呢？上帝是至高无上的造物主，难道它还要被什么东西孕育和创造吗？这可是与宗教教义相违背的。如果亚当没有肚脐，他就和我们每一个人都不同，人人皆备而亚当独缺，上帝的创造物就不是完美的。总之，不管亚当有还是没有肚脐，在基督教会看来都是不妥当的。神学家们因此而左右为难，永远也回答不了这一问题。围绕着"亚当有没有肚脐"这个问题，构成了"二难推理"：

> 如果亚当有肚脐，那么上帝也有肚脐，即上帝是有孕育者和创造者的；
> 如果亚当没有肚脐，那么亚当就不是完美的，即上帝的创造物不是完美的；
> 或者亚当有肚脐，或者亚当没有肚脐；
> ―――――――――――――――――――
> 所以，或者上帝是有孕育者和创造者的，或者上帝的创造物不是完美的。

二难推理的语言表达也常常采用省略式。例如：

> 在武松看来，景阳岗上的老虎，刺激它也是那样，不刺激它也是那样，总之它是要吃人的。

这是一个省略了选言前提的二难推理简单构成式，可以补充整理如下：

> 如果刺激景阳岗上的老虎，它就要吃人；
> 如果不刺激景阳岗上的老虎，它也要吃人；
> 或者刺激它，或者不刺激它；
> ―――――――――――――――――――
> 总之，它是要吃人的。

无条件关系复句（"无论…都…"，"不管…总…"）通常表示的是一个二难推理的省略式。例如：

明天不管下不下雨，比赛都照常举行。

这句话可补充整理为：

如果明天下雨，那么比赛照常举行；

如果明天不下雨，那么比赛也照常举行；

或者明天下雨，或者明天不下雨；

总之，比赛照常举行。

这也是一个简单构成式的二难推理。

四、破斥错误的二难推理

二难推理由于论理有力，成为论辩双方经常使用的辩论武器。但是，由于它结构比较复杂，容易出错，也常常会被诡辩论者加以利用。学习二难推理，既要学会灵活巧妙地使用二难推理为自己的正确观点服务，又要学会识别、破斥错误的二难推理。一般说来，对错误的二难推理的识别和破斥可从以下三个方面入手：

第一，指出其推理形式上的错误。

二难推理前提中有两个充分条件假言判断，推理的过程中要遵守充分条件假言推理的规则。充分条件假言推理只有肯定前件式和否定后件式，因此，二难推理的选言前提也只能要么是肯定假言前提的前件，要么是否定假言前提的后件。如果选言前提肯定的是假言前提的后件，或否定的是假言前提的前件，从而推出结论，那就是无效推理。例如：

如果我违反课堂纪律，老师就会批评我；

如果我打骂同学，老师也会批评我；

我或者没有违反课堂纪律，或者没有打骂同学；

所以，老师一定不会批评我。

这一推理显然违反了充分条件假言推理关于"否定前件不能必然

否定后件"的推理规则,因此,是一个形式错误的二难推理。

第二,指出其选言前提或假言前提虚假。

如果一个推理前提虚假,则不能保证结论为真。二难推理有两个假言前提和一个选言前提,假言前提可能出现的错误主要是前后件之间的条件关系不成立,是硬凑的;而选言前提可能出现的错误主要表现为选言支不穷尽而可能漏掉真的选言支。例如:

> 有个新兵刚到军营,一个军官想敲诈他,于是故意叫他走在前面。新兵服从命令走在前面。军官骂他道:"你这是要我做你的跟班呀?"又让新兵走在后面,新兵听从,跟着军官走,军官又破口大骂:"你想叫我为你带路吗?"新兵觉得很为难,不知如何是好,就问军官:"您说我该怎么走呢?"军官说:"只要你给我钱,你想怎么走都行!"

这个小故事中,那位少不更事的新兵,显然被军官推入一个二难境地了。军官的二难推理是这样的:

> 如果你走在我前面,那么你是要我做你的跟班;
> 如果你走在我后面,那么你是要我为你带路;
> 或者你走在我前面,或者你走在我后面;
> ———————————————
> 总之,或者你是要我做你的跟班,或者你是要我为你带路。

这是一个复杂构成式的二难推理。这样的二难推理,纯属一种刁难。它的荒谬之处就在于两个假言前提前后件之间的关系是硬加上的,因而都不能成立。一旦军官达到自己的目的,这个"二难"也就不存在了。再如:

> 如果甲队实力比乙队强很多,那么甲队就能轻易战胜乙队;
>
> 如果乙队实力比甲队强很多,那么乙队就能轻易战胜甲队;
>
> 或者甲队实力比乙队强很多,或者乙队实力比甲队强很多;
> ――――――――――――――――――
> 所以,或者甲队轻易战胜乙队,或者乙队轻易战胜甲队。(总之,都不会是精彩的比赛。)

这是一个复杂构成式的二难推理,这个推理的结论同样不能成立。原因就在于,其中的选言前提漏掉了一个选言支:"甲队和乙队实力相差不大",如果事实如此,那么两队之间的比赛仍有可能成为一场势均力敌、对抗激烈的精彩比赛。

第三,构造一个相反的二难推理。

对于假言前提虚假的二难推理,我们还可以通过构造一个与之相反的二难推理来加以破斥。在日常生活中,人们经常运用这种破斥方法。例如,有人说:

> 如果有困难,就不必努力去做,努力也是白费;
>
> 如果没困难,也不必努力去做,不努力也能做好;
>
> 或者有困难,或者没困难;
> ――――――――――――――――――
> 总之,不必努力去做。

这个二难推理的两个假言前提显然是假的,据此推出的结论当然是不能成立的。要破斥这个错误的二难推理,可以根据实际情况,由原来两个假言前提的前件导出两个与原后件相反的后件,从而构造一个相反的二难推理:

如果有困难，就应努力去做，努力才能克服困难；
如果没困难，也应努力去做，努力才能做得更好；
或者有困难，或者没困难；
───────────────────────────
总之，应该努力去做。

练 习 题

一、指出下列推理是何种联言推理，并写出其逻辑形式：

1. 鸟类在消灭害虫、害兽以及维持自然界的生态平衡方面有着十分重要的作用，所以鸟类在维持自然界的生态平衡方面有着十分重要的作用。

2. 中华人民共和国公民有受教育的权利，中华人民共和国公民有受教育的义务，所以中华人民共和国公民有受教育的权利和义务。

3. 国旗是国家的象征和标志，国徽是国家的象征和标志，所以国旗和国徽都是国家的象征和标志。

4. 明天他又要上班，又要上夜校，所以明天他要上夜校。

二、指出下列文字中包含的是何种选言推理，写出其逻辑形式，并分析其是否正确：

1. 这部小说要么是得到版权所有者授权的正规出版物，要么是没有得到版权所有者授权的非法出版物。版权所有者声明：他根本未向任何一家出版单位授权出版此书，因此可以认定：这部小说是没有得到版权所有者授权的非法出版物。

2. 电灯不亮，或者是因为没打开开关，或者是灯泡坏了，或者是因为停电，或者是因为电线短路；检查以后发现灯泡坏了，所以电灯不亮，不是因为其他三方面原因。

3. 学习有两种态度。一种是教条主义的态度，不管我国情况，适用的和不适用的，一起搬来。这种态度不好。另一种态度，学习的时候用脑筋想一下，学那些和我国情况相适应的东西，即吸取对我们有益的经验，我们需要的是这样一种态度。

4. 某企业财务室被盗，该企业保卫科的老王见门窗均完好无损，便认定是财务室内部人员所为。经排查，财务室张、陈、田、严四人中，张、陈、田均不具备作案条件,由此老王推断:作案人一定是严。破案的结果表明,严不是作案人,是原在该企业做临时工的李某偷配了财务室的钥匙,入室作案。

三、指出下列文字中包含的是何种假言推理,写出其逻辑形式,并说明是否正确:

1. 如果赵川参加宴会,那么刘元也一定参加宴会。刘元没有参加宴会,所以,赵川也不会参加宴会。

2. 他钓鱼技术这么高超,一定是钓鱼协会的。因为只有钓鱼技术高超,才能加入钓鱼协会。

3. 人类学家发现早在旧石器时代,人类就有了死后复生的信念,在发掘的那个时代的古墓中,死者的身边有衣服、饰物和武器的陪葬,这是最早的关于人类具有死后复生信念的证据。因为据考证,只有相信死后复生才会在死者身边安置陪葬物。

4. 重振女排威风,关键在于发扬拼搏精神。如果没有拼搏精神,就不可能在超级强手面前取得突破性的成功。女排发扬了拼搏精神,所以能在超级强手面前取得突破性的成功。

5. 上邪!我欲与君相知,长命无绝衰。山无棱,江水为竭,冬雷震震,夏雨雪,天地合,乃敢与君绝!

四、下面两段文字表达的是何种假言连锁推理?请写出推理过程(如有省略部分,请补充完整),并写出其逻辑形式。

1. 只有生产力提高了,社会产品才能极大地丰富起来,只有社会产品极大地丰富起来,人们的物质生活水平才会大大地提高,所以,如果不提高生产力,那么人们的物质生活水平就不会大大地提高。

2. 不懂偏要装懂,势必搞瞎指挥、乱弹琴。结果怎么样呢?必然违抗客观规律,使国民经济遭受损失,人民生活遭受灾难。

五、请运用复合判断推理的知识,分析解答下列各题:

1. 杰克、奎恩和罗伯特三人,一人是经理,一人是军官,一人是教师。现在只知道,罗伯特比教师的年龄大,杰克和军官不同岁,军官比奎恩的年龄小。

请根据以上条件,确定三人各自的身份,并写出推理过程和公式。

2. 某个体户严重违反了经营条例。执法人员向他宣布:"要么接受罚款,要么停业,二者必居其一。"他说:"我不同意。"如果他坚持自己意见的话,以下哪项论断是他在逻辑上必须同意的,为什么?

  A. 罚款但不停业;

  B. 停业但不罚款;

  C. 既罚款又停业;

  D. 既不罚款又不停业;

  E. 如果既不罚款又不停业办不到的话,就必须接受既罚款又停业。

  3. 莱索托北部有个叫巴苏的部落,该部落有个村民叫菲隆。菲隆与同部落的塔夫尼积怨甚深。菲隆为了实施其复仇计划,佯装突患中风,卧床不起。3年后的某夜,菲隆潜入塔夫尼家,将其全家杀死。警方在作案现场采集到菲隆的指纹,但菲隆辩称自己已瘫痪多年,根本不可能出现在现场。警方当即揭穿菲隆是装瘫,其理由是:菲隆的双腿没有出现病态、退化现象,与常人无异,这说明菲隆的卧床不起有诈。菲隆被依法治罪。

  请问警方是如何得出结论的?

  4. 小张约小李第二天去美术馆看画展,小李说:"如果明天不下雨,我去图书馆查阅资料。"第二天天下雨了,小张去小李宿舍找他,谁知小李仍然去了图书馆。两人见面后,小张责怪小李食言,既然下雨了,为什么还去图书馆!小李却说自己没有食言,是小张的推论不合逻辑。那么,请您分析一下,到底是小李食言,还是小张的推论不合逻辑?

  5. 雷弗先生是瑞典的著名实业家,他因拒交税款而被税务局推上法庭。雷弗是一名长期依靠人工心脏的病人,按照瑞典法律,"当一个瑞典公民的心脏或大脑停止工作后,此人即被认为是死亡者","死亡者无须纳税"。凭借上述有关法律,雷弗在法庭慷慨陈词:"我的心脏已停止跳动,试问,我在纳税者之列吗?"原告的律师和参加庭审的法官都对这桩官司感到头疼。

  请问:雷弗到底该不该纳税?请写出推理过程和公式。

  6. 小王请甲、乙、丙、丁、戊到家里作客。有人根据五位被邀请者的关系作出如下判断:

  (1) 要么丁来,要么丙来。

  (2) 如果戊不来,那么乙来。

  (3) 如果甲不来,那么丁也不来。

  (4) 如果甲来,那么戊就不来。

  现在,丁来了,请推断其他四人谁来,谁不来?并写出推理过程和公式。

7. 从前有个聪明人无辜被囚于石塔顶层,无法逃脱,见妻在塔下哭泣,就叫她找一只金龟子,头上涂点黄油,用一段丝线系在它腰上,把它放在石塔墙上,头朝囚室窗口,金龟子以为黄油在它前方,便一直向墙上爬去。被囚者等它爬到窗口,从它身上解下丝线,妻子将一根细绳系在丝线另一端,又将一粗绳系在细绳另一端,丈夫由丝线拉上细绳,再拉上粗绳,固定在塔内,便顺着粗绳滑到了地面。

请分析这段故事中包含的假言连锁推理,写出推理过程。

8. 有一首外国民谣:丢失一个钉子,坏了一只蹄铁;坏了一只蹄铁,折了一匹战马;折了一匹战马,伤了一位骑士;伤了一位骑士,输了一场战斗;输了一场战斗,亡了一个帝国。

请问:由以上一系列判断作为前提,可以得出什么结论?请写出推理过程。

9. 有人当着一位男子的母亲和爱人的面问这位男子:"如果你的母亲和爱人同时落水,你先救谁?"这位男子看看母亲,又看看爱人,不知如何回答才好。请问:这位男子为何感到难以回答?

10. 有位老妇人,不管晴天雨天都愁眉不展。别人问其原因,她说:"我有两个女儿,老大嫁给卖伞的,老二嫁给做鞋的。要是天不下雨,老大家的伞就卖不出去了;如果下雨,老二家的鞋也不好卖。我越想越难过。"

请问:(1) 老妇人的话表达了一个什么推理?请写出其逻辑形式。

(2) 如果你在场,你将如何劝慰她?

第七章 关系与模态

第一节 关系判断

一、什么是关系判断

关系判断就是断定对象之间的关系的判断。例如：
① $\angle A$ 和 $\angle B$ 相等。
② 小张帮助小刘。
③ 有的甲班学生认识所有乙班学生。
④ 无锡位于苏州和常州之间。

这些都是关系判断。例①断定 $\angle A$ 和 $\angle B$ 有相等的关系，例②断定小张对小刘有帮助关系，例③断定有的甲班学生对所有乙班学生有认识关系，例④则断定无锡对苏州和常州有位于二者之间的关系。

关系判断不同于性质判断。性质存在于对象自身，而关系则总是存在于两个或两个以上对象之间，因而关系判断断定的对象就有两个或两个以上。试比较以下两个判断：

杜甫和李白是诗人。
杜甫和李白是朋友。

前一个判断是由两个性质判断构成的联言判断，它可以分析为

"杜甫是诗人,并且李白是诗人",后一个则是关系判断,它断定杜甫与李白之间存在着"朋友"关系,因此不能分析为"杜甫是朋友,并且李白是朋友"。

关系判断由关系项、关系者项和量项三部分组成。

关系项是关系判断中表示对象之间关系的概念。如例①中的"相等"、例②中的"帮助"、例③中的"认识"。关系项也就是关系判断的谓项。关系项有的表示二项关系,如上面例①、②、③;有的表示多项关系,如例④中的"位于……和……之间",表示三项关系。本书将着重介绍二项的关系判断。

关系者项是关系判断中表示某种关系的承担者的概念。如例①中的"$\angle A$"和"$\angle B$",例②中的"小张"和"小刘"。在二项关系中,前一个关系者项称为关系者前项,后一个称为关系者后项,二者不能混淆。如例③中的"甲班学生"是关系者前项,"乙班学生"是关系者后项,如果混淆了前后两个关系者项,原来的真判断就可能成为假判断。

量项是表示关系者数量范围的概念。如例③中的"有的"和"所有"。如果关系者项为单独概念,则不用量项。

我们用 R 表示关系项,用 a 与 b 分别表示关系者前项与关系者后项,二项的关系判断(如例①、例②),其逻辑形式可以表示为:

$a R b$

也可以表示为:

$R(a,b)$

例③可以表示为:

有的 a 与所有 b 有 R 关系

二、关系的逻辑性质

关系的逻辑性质可以从关系的对称性与关系的传递性两个方

面进行考察。

(一) 关系的对称性

当对象 a 与对象 b 有某种关系时,对象 b 与对象 a 是否也具有这种关系?这就是关系的对称性问题。在这个问题上有三种情况:

1. 对称关系

当对象 a 与对象 b 有 R 关系时,对象 b 与对象 a 也一定有 R 关系,则 R 为对称关系。换句话说,当 aRb 真时,bRa 必真,则 R 为对称关系。例如:相等、相似、朋友、邻居、同学,以及逻辑上的矛盾、反对、等值等等,都是对称关系。

2. 反对称关系

当对象 a 与对象 b 有 R 关系时,对象 b 与对象 a 一定没有 R 关系,则 R 为反对称关系。换句话说,当 aRb 真时,bRa 必假,则 R 为反对称关系。例如:大于、重于、高于、早于、侵略、压迫、之前、以东,以及逻辑上的真包含、真包含于等等,都是反对称关系。

3. 非对称关系

当对象 a 与对象 b 有 R 关系时,对象 b 与对象 a 可能有 R 关系,也可能没有 R 关系,则 R 为非对称关系。换句话说,当 aRb 真时,bRa 可能真也可能假,则 R 为非对称关系。例如:帮助、认识、拥护、批评,还有逻辑上的蕴涵等等,都是非对称关系。

(二) 关系的传递性

当对象 a 与对象 b 有某种关系,并且对象 b 与对象 c 也有某种关系时,对象 a 与对象 c 是否同样有这种关系?这就是关系的传递性问题。在这个问题上也有三种情况:

1. 传递关系

当对象 a 与对象 b 有 R 关系,并且对象 b 与对象 c 也有 R 关系时,对象 a 与对象 c 也一定有 R 关系,则 R 为传递关系。换句话说，当 aRb 真，并且 bRc 真时，aRc 必真，则 R 为传递关系。例如：大于、等于、平行、早于、优于，还有逻辑上的真包含、全同、等值、蕴涵等等，都是传递关系。

2. 反传递关系

当对象 a 与对象 b 有 R 关系，并且对象 b 与对象 c 也有 R 关系时，对象 a 与对象 c 一定没有 R 关系，则 R 为反传递关系。换句话说，当 aRb 真，并且 bRc 真时，aRc 必假，则 R 为反传递关系。例如：父子关系是反传递关系，当老张与大张是父子，并且大张与小张是父子时，老张与小张一定不是父子；再如：高3厘米，年长一岁，还有逻辑上的矛盾关系等等，也都是反传递关系。

3. 非传递关系

当对象 a 与对象 b 有 R 关系，并且对象 b 与对象 c 也有 R 关系时，对象 a 与对象 c 可能有 R 关系，也可能没有 R 关系，则 R 为非传递关系。换句话说，当 aRb 真，并且 bRc 真时，aRc 可能真也可能假，则 R 为非传递关系。例如：朋友、认识、批评、关心、佩服，以及逻辑上的反对关系、全异关系等等，都是非传递关系。

弄清关系的逻辑性质，是正确进行关系推理的必要前提。

第二节 关系推理

一、什么是关系推理

关系推理就是前提中至少有一个关系判断并且根据关系的逻辑性质进行推演的一种演绎推理。例如：

① ∠A 和 ∠B 相等,
─────────────
所以,∠B 和 ∠A 相等。

② 甲厂产品优于乙厂产品,
乙厂产品优于丙厂产品,
─────────────
所以,甲厂产品优于丙厂产品。

关系推理可根据前提和结论是否都是关系判断分为两类：纯关系推理和混合关系推理。以下分别介绍。

二、纯关系推理

纯关系推理就是前提和结论都是关系判断的关系推理。这又可分为四种：

1. 对称关系推理

对称关系推理就是根据对称关系的逻辑性质进行推演的关系推理。例如：

甲队与乙队比赛,
─────────────
所以,乙队与甲队比赛。

小张与小李同岁,
─────────────
所以,小李与小张同岁。

"比赛"、"同岁"都是对称关系,上面两个推理就是根据对称关系的逻辑性质推出结论的,因而是正确的。前面的例①也是正确的对称关系推理。我们用 R 表示对称关系,这种推理的逻辑形式可以表示为：

$$\frac{a\ R\ b}{\therefore b\ R\ a}$$

也可以表示为：

$aRb \vdash bRa$

2. 反对称关系推理

反对称关系推理就是根据反对称关系的逻辑性质进行推演的关系推理。例如：

浙江在江苏南边，
———————————
所以，江苏不在浙江南边。

太湖大于洪泽湖，
———————————
所以，洪泽湖不大于太湖。

"在南边"、"大于"都是反对称关系，上面两个推理就是根据反对称关系的逻辑性质推出结论的，因此是正确的。我们用 R 表示反对称关系，这种推理的逻辑形式可以表示为：

$$\frac{aRb}{\therefore b\overline{R}a}$$

也可以表示为：

$aRb \vdash b\overline{R}a$

3. 传递关系推理

传递关系推理就是根据传递关系的逻辑性质进行推演的关系推理。例如：

判断 A 蕴涵判断 B，
判断 B 蕴涵判断 C，
———————————
所以，判断 A 蕴涵判断 C。

唐尧早于虞舜，
虞舜早于夏禹，
———————————
所以，唐尧早于夏禹。

"蕴涵"、"早于"都是传递关系，上面两个推理就是根据传递关系的逻辑性质推出结论的，因而是正确的。前面例②中的"优于"也是传递关系，因此，例②也是正确的传递关系推理。我们用 R 表示传递关系，这种推理的逻辑形式可以表示为：

$$aRb$$
$$\underline{bRc}$$
$$\therefore aRc$$

也可以表示为：

$$aRb \wedge bRc \vdash aRc$$

4. 反传递关系推理

反传递关系推理就是根据反传递关系的逻辑性质进行推演的关系推理。例如：

甲省面积是乙省的两倍，

乙省面积是丙省的两倍，

所以，甲省面积不是丙省的两倍。

老张是小李的阿姨，

小李是小晶晶的阿姨，

所以，老张不是小晶晶的阿姨。

"是两倍"、"是阿姨"都是反传递关系，以上两个推理都是根据反传递关系的逻辑性质推出结论的，因而是正确的。我们用 R 表示反传递关系，这种推理的逻辑形式可以表示为：

$$aRb$$
$$\underline{bRc}$$
$$\therefore a\overline{R}c$$

也可以表示为：

$$aRb \wedge bRc \vdash a\overline{R}c$$

进行纯关系推理应当注意的是:不能把非对称关系误当作对称关系或反对称关系,也不能把非传递关系误当作传递关系或反传递关系,如果弄错了关系的逻辑性质,就会造成推理的错误。例如:

① 小明认识张校长,

所以,张校长认识小明。

② 甲是乙的朋友,

乙是丙的朋友,

所以,甲是丙的朋友。

例①这个对称关系推理是错误的,因为"认识"是一种非对称关系,把它误当作对称关系进行推理,就不能保证结论为真;同样,如果把"认识"当作反对称关系,从而推出"张校长不认识小明"的结论,也是错误的推理。例②这个传递关系推理也是错误的,因为"朋友"是一种非传递关系,把它误当作传递关系进行推理,就不能保证结论为真;当然,如果把"朋友"当成反传递关系,从而推出"甲不是丙的朋友"的结论,同样是错误的推理。

三、混合关系推理

混合关系推理是以一个关系判断和一个性质判断为前提,推出一个关系判断的结论的推理。例如:

① 张老师关心所有甲班学生,

陈刚是甲班学生,

所以,张老师关心陈刚。

② 所有甲班学生都尊敬张老师，
陈刚是甲班学生，
─────────────────
所以，陈刚尊敬张老师。

这两例都是混合关系推理。例①的逻辑形式是：

a 与所有 b 有 R 关系
c 是 b
─────────────────
$\therefore a$ 与 c 有 R 关系

例②的逻辑形式是：

所有 a 都与 b 有 R 关系
c 是 a
─────────────────
所以，c 与 b 有 R 关系

混合关系推理的两个前提，有一个共同的概念，在推理中起着媒介作用，称为媒介概念。如例①、例②中的媒介概念都是"甲班学生"。混合关系推理的形式与三段论相似，所以，又可称作关系三段论。

混合关系推理有以下几条规则：

规则 1. 前提中的性质判断必须是肯定判断。

规则 2. 媒介概念必须至少周延一次。

规则 3. 前提中不周延的概念在结论中不得周延。

规则 4. 如果前提中的关系判断是肯定的，则结论也应是肯定的；如果前提中的关系判断是否定的，则结论也应是否定的。

规则 5. 如果关系 R 不是对称的，则在前提中作关系者前项（或后项）的那个概念，在结论中也应作关系者前项（或后项）。

一个混合关系推理，若是违反了以上五条规则中的任何一条，该推理就是不正确的。例如：

① 我们尊重所有的老师,
老杨不是老师,
所以,我们不尊重老杨。

② 小刘批评小王,
小王是足球运动员,
所以,小刘批评所有足球运动员。

例①违反了规则 1 和规则 4,例②违反了规则 3,因此,这两个混合关系推理都是错误的。

四、关系推理的运用

关系推理也是日常思维与语言中常用的一种推理。人们在科学研究中,在学习与工作中,在日常生活中,都要运用这种推理。例如,16 世纪波兰天文学家哥白尼(公元 1473~1543)以科学的"日心说"否定了统治西方达 1000 多年的"地心说",被认为是天文学史上一次伟大的革命。这中间就包含了一个关系推理:

地球围绕太阳运动,
所以,太阳并不围绕地球运动。

太阳与地球究竟谁围绕谁运动,讨论的是二者的关系,这种关系是反对称关系,哥白尼论证了"地球围绕太阳运动"这一科学观点,当然就推翻了"太阳围绕地球运动"的旧学说。这是反对称关系推理的运用。再如,美国大发明家爱迪生(公元 1847~1931)有一次做实验,需要了解一个灯泡的容量,他让助手量一下,助手拿着灯炮反来复去量了半个小时,仍然量不出来。爱迪生等急了,就叫助手将灯泡盛满水,然后把水倒入量杯里,看一下量杯的刻度，灯泡的容量就测出来了。爱迪生在这里也运用了一个关系推理：

> 灯泡的容量等于盛满灯泡的水的体积，
> 盛满灯泡的水的体积等于这些水倒在量杯内测得的体积，
> ――――――――――――――――――――――――
> 所以，灯泡的容量等于盛满灯泡的水倒在量杯内测得的体积。

这是根据"等于"关系的传递性质推出结论的传递关系推理。

关系推理在科学论著中一般不能省略，而在人们的日常交际中则可以用省略形式来表达。例如：两个无锡人对话，甲问："江阴是不是在太湖的北边？"乙答："江阴在无锡的北边，当然也在太湖的北边了！"乙的答话中包含了一个传递关系推理：

> 江阴在无锡的北边，
> 无锡在太湖的北边，
> ――――――――――――――――
> 所以，江阴在太湖的北边。

在这个推理中，第二个前提"无锡在太湖的北边"是对话双方共同的背景知识，因此可以省略。

第三节 模态判断

一、什么是模态判断

模态判断就是断定事物情况的必然性或可能性的判断。例如：
① 正义必然战胜邪恶。
② 人活到 150 岁是可能的。

例①断定了正义战胜邪恶这个事物情况的必然性，例②断定了人活到150岁这个事物情况的可能性,这两例都是模态判断。

模态判断中的"必然"与"可能"称为模态词,因此,也可以说,模态判断就是含有模态词的判断。

在日常思维与语言中,人们经常要运用模态判断来反映事物客观上存在的必然性与可能性,如上面两例;也经常运用模态判断来反映人们主观认识上不同的确定程度。例如:

这块陨石可能来自火星。

小孙现在必定在家。

本书着重讨论反映事物客观上存在的必然性与可能性的模态判断。

二、模态判断的种类

根据所含模态词的不同,可将模态判断分为必然判断和可能判断两种。

必然判断是断定事物情况的必然性的判断。必然判断又可分为必然肯定判断与必然否定判断两种。

可能判断是断定事物情况的可能性的判断。可能判断又可以分为可能肯定判断与可能否定判断两种。

这样,模态判断总共有四种:

1. 必然肯定判断

必然肯定判断是断定事物情况必然存在的判断。例如:

人类永久和平必然实现。

科技发展推动经济发展是必然的。

这两个都是必然肯定判断,其逻辑形式可以表示为:

必然 p

模态词"必然"也可以用符号"□"表示,这样,必然肯定判断又可以表示为:

□p

2. 必然否定判断

必然否定判断是断定事物情况必然不存在的判断。例如：

世上必然没有包治百病的灵丹妙药。

群众不喜欢盛气凌人的干部是必然的。

这两个都是必然否定判断，其逻辑形式可以表示为：

必然非 p

也可以表示为：

$\Box \neg p$

3. 可能肯定判断

可能肯定判断是断定事物情况可能存在的判断。例如：

事情可能发生变化。

人类到月球上居住是可能的。

这两个都是可能肯定判断，其逻辑形式可以表示为：

可能 p

模态词"可能"也可以用符号"◇"表示，这样，可能肯定判断又可以表示为：

◇ p

4. 可能否定判断

可能否定判断是断定事物情况可能不存在的判断。例如：

小王可能完不成任务。

可能甲队不参加比赛。

这两个都是可能否定判断，其逻辑形式可以表示为：

可能非 p

也可以表示为：

◇ $\neg p$

第四节 模态推理

一、什么是模态推理

模态推理是以模态判断为前提或结论，并根据模态判断的逻辑性质进行推演的一种演绎推理。例如：

滥杀野生动物必然破坏生态平衡，

所以，滥杀野生动物不可能不破坏生态平衡。

明天必然下雨，

所以，明天下雨。

本书主要介绍两种模态推理，一种是根据模态逻辑方阵进行推演的模态推理，另一种是根据"必然"、"实然"和"可能"的关系进行推演的模态推理。

二、根据模态方阵进行推演的模态推理

同素材的四种模态判断"必然 P"（$\Box p$）、"必然非 P"（$\Box \neg p$）、"可能 p"（$\Diamond p$）、"可能非 p"（$\Diamond \neg p$）之间的真假关系，与 A、E、I、O 四种性质判断之间的真假关系相类似，也可以用一个逻辑方阵图来表示（右图）。

由上面的模态逻辑方阵可以得到 16 种模态推理形式。

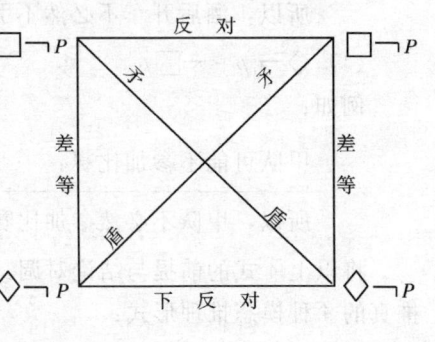

1. 根据矛盾关系的模态推理

□p 与 ◇¬p，□¬p 与 ◇p，这两对模态判断分别具有矛盾关系。矛盾关系的判断不可同真，不可同假，据此，可以由其中一个的真推知另一个的假，也可以由其中一个的假推知另一个的真。根据矛盾关系由真推假的模态推理形式有 4 种：

(1) □p ⊢ ¬◇¬p

例如：

经济的发展必然带来文化的繁荣，
─────────────────────
所以，经济的发展不可能不带来文化的繁荣。

(2) □¬p ⊢ ¬◇p

例如：

劣质产品必然不受群众欢迎，
─────────────────────
所以，劣质产品不可能受群众欢迎。

(3) ◇p ⊢ ¬□¬p

例如：

酒后开车可能引发交通事故，
─────────────────────
所以，酒后开车不必然不引发交通事故。

(4) ◇¬p ⊢ ¬□p

例如：

甲队可能不参加比赛，
─────────────────────
所以，甲队不必然参加比赛。

将以上 4 式的前提与结论对调，又可得到根据矛盾关系由假推真的 4 种模态推理形式：

(5) ¬◇¬p ⊢ □p

(6) $\neg \Diamond p \vdash \Box \neg p$

(7) $\neg \Box \neg p \vdash \Diamond p$

(8) $\neg \Box p \vdash \Diamond \neg p$

由以上 8 个推理公式可知,根据矛盾关系的模态推理,其前提与结论是等值的。

2. 根据差等关系的模态推理

$\Box p$ 与 $\Diamond p$,$\Box \neg p$ 与 $\Diamond \neg p$,这两对判断分别具有差等关系。差等关系是强式与弱式的关系,在方阵图中处于上位的必然判断比处于下位的可能判断断定得多,前者为强式,后者为弱式。当上位判断真时,下位判断必真;当下位判断假时,上位判断必假。据此,可以由上位判断的真推知下位判断的真,又可以由下位判断的假推知上位判断的假。这样,根据差等关系的模态推理形式共有 4 种:

(9) $\Box p \vdash \Diamond p$

例如:

经济的发展必然带来文化的繁荣,

所以,经济的发展可能带来文化的繁荣。

(10) $\Box \neg p \vdash \Diamond \neg p$

例如:

劣质产品必然不受群众欢迎,

所以,劣质产品可能不受群众欢迎。

(11) $\neg \Diamond p \vdash \neg \Box p$

例如:

劣质产品不可能受群众欢迎,

所以,劣质产品不必然受群众欢迎。

(12) $\neg\Diamond\neg p \vdash \neg\Box\neg p$

例如：

骄傲轻敌不可能不打败仗，
——————————————
所以，骄傲轻敌不必然不打败仗。

3. 根据反对关系的模态推理

$\Box p$ 与 $\Box\neg p$ 具有反对关系，二者不可同真，可以同假，据此，可以由其中一个的真推知另一个的假。有两种推理形式：

(13) $\Box p \vdash \neg\Box\neg p$

例如：

正义战胜邪恶是必然的，
——————————————
所以，正义没战胜邪恶不是必然的。

(14) $\Box\neg p \vdash \neg\Box p$

例如：

劣质产品不受欢迎是必然的，
——————————————
所以，劣质产品受欢迎不是必然的。

4. 根据下反对关系的模态推理

$\Diamond p$ 与 $\Diamond\neg p$ 具有下反对关系，二者可以同真，不可同假，据此，可以由其中一个的假推知另一个的真。有两种推理形式：

(15) $\neg\Diamond p \vdash \Diamond\neg p$

例如：

甲队得冠军是不可能的，
——————————————
所以，甲队不得冠军是可能的。

(16) $\neg\Diamond\neg p \vdash \Diamond p$

例如：

甲队不可能不得冠军,

所以,甲队可能得冠军。

三、根据"必然"、"实然"和"可能"的关系进行的模态推理

在讨论判断的种类时,我们把含有模态词的判断称为模态判断,不含模态词的判断则为非模态判断;在研究模态判断与非模态判断之间的真假关系时,我们把非模态判断称为实然判断。这样,同素材的必然判断($\Box p$ 与 $\Box \neg p$)、实然判断(p 与 $\neg p$)、可能判断($\Diamond p$ 与 $\Diamond \neg p$)之间的真假关系也可以用一个方形图来表示:

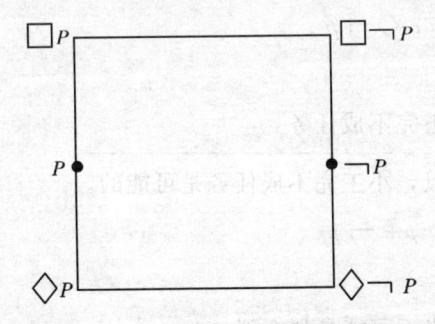

```
    □p ────────── □¬p

    p  ●          ● ¬p

    ◇p ────────── ◇¬p
```

在上面的方形图中,实然判断处于必然判断的下位,可能判断的上位,这就是说,实然判断比必然判断断定得少,而比可能判断断定得多。据此,可由必然判断的真推知实然判断的真,还可由实然判断的真,推知可能判断的真;反之,可以由可能判断的假推知实然判断的假,还可以由实然判断的假推知必然判断的假。这样,共得到 8 个模态推理形式:

(1) $\Box p \vdash p$

例如:

谎言必然被戳穿,

所以,谎言被戳穿。

（2） $p \vdash \Diamond p$

例如：

谎言被戳穿，
_____

所以，谎言被戳穿是可能的。

（3） $\Box \neg p \vdash \neg p$

例如：

小王必然完不成任务，
_____

所以，小王完不成任务。

（4） $\neg p \vdash \Diamond \neg p$

例如：

小王完不成任务，
_____

所以，小王完不成任务是可能的。

（5） $\neg \Diamond p \vdash \neg p$

例如：

小张不可能参加会议，
_____

所以，小张不参加会议。

（6） $\neg p \vdash \neg \Box p$

例如：

小张不参加会议，
_____

所以，小张参加会议不是必然的。

（7） $\neg \Diamond \neg p \vdash \neg \neg p$

例如：

> 他不可能没收到通知,
> ___
> 所以,并不是他没收到通知。

(8) $\neg\neg p \vdash \neg\Box\neg p$

例如:

> 并不是他没收到通知,
> ___
> 所以,他没收到通知不是必然的。

四、模态推理的运用

模态推理的运用对于人们认识事物与表达思想都是有意义的。

根据"必然"、"实然"和"可能"的关系进行的模态推理,有助于人们从事物的必然性去认识客观实在,并从客观实在去认识事物的可能性。例如,人们认识到"落后必然挨打"这一规律以后,再来看待"落后挨打"的客观现实,在认识上就有了提高,这中间包含了一个由必然肯定判断($\Box p$)的真推出一个实然肯定判断(p)为真的模态推理。再如,人们原先以为我国南方某地冬天不可能下雪,可是某年冬天该地下了一场雪,由此可以推知"某地冬天下雪是可能的"。这是由一个实然肯定判断"某地冬天下了雪"的真,推出一个可能肯定判断"某地冬天下雪是可能的"为真,人们的认识由此前进了一步。

模态推理中最常用的是根据模态方阵中矛盾关系进行的模态推理。在论辩中,人们常常运用可能肯定判断来反驳必然否定判断,或者运用可能否定判断来反驳必然肯定判断,因为证明一个可能判断为真较之证明一个必然判断为真容易得多。例如:在以"经济发展导致人情冷漠"为辩题的大学生辩论比赛中,正方的论题可以看作一个必然肯定判断:"经济发展必然导致人情冷漠",反方以"经济发展可能不导致人情冷漠"这个可能否定判断来反驳,这就使自己在辩论中处于有利地位。这中间包含了一个根据矛盾关系由 $\Diamond \neg p$ 的真推知 $\Box p$ 为假的模态推理：

经济发展可能不导致人情冷漠，
——————————————
所以，并非经济发展必然导致人情冷漠。

前面说过，根据矛盾关系的模态推理，其前提与结论具有等值关系。掌握了这种推理，还有助于人们根据不同的语境选择不同种类的模态判断来表达同一个思想。例如："经济的发展必然带来文化的繁荣"（$\Box p$）与"经济的发展不可能不带来文化的繁荣"（$\neg \Diamond \neg p$）是一对等值判断，把握了这种等值关系，我们可以根据交际的需要，在不同的场合选择不同的判断形式，以增强表达效果。

练 习 题

一、指出下列关系判断中的关系项，并从对称性与传递性两方面分析关系的逻辑性质。

1. 今年10月份我市平均气温比往年同期高1℃。
2. 小明信任小华。
3. 直线 AB 与直线 CD 平行。
4. 中国人发明钟表早于西方人。
5. 甲的断定与乙的断定矛盾。
6. 元谋猿人比北京猿人早100多万年。
7. 新一代日本人个子比上一代高。
8. 甲公司与乙公司联营。
9. 苛政猛于虎。
10. 甲厂今年产值比去年翻了一番。

二、指出以下关系推理所属的种类，并写出其逻辑形式：

1. 1000克等于1公斤，1公斤等于2市斤，所以，1000克等于2市斤。

2. 张老师信任所有甲班学生,黄胜是甲班学生,所以,张老师信任黄胜。

3. 甲班教室与乙班教室紧邻,所以乙班教室与甲班教室紧邻。

4. 太阳七色光线中,红光的波长最长,紫光的波长最短,所以,蓝光的波长比红光短,比紫光长。

5. 张明对李兵说:"你是我的亲戚,宋浩是你的亲戚,所以,他也是我的亲戚。"

6. 冷空气比热空气重,所以热空气不比冷空气重。

三、下列关系推理是否正确？为什么？

1. 这次全国比赛,甲队战胜了乙队,乙队战胜了丙队,所以,甲队一定战胜丙队。

2. 有的液体比重大于水,酱油是液体,所以,酱油比重大于水。

3. 小林认识所有本校老师,刘老师不是本校老师,所以,小林不认识刘老师。

4. 食肉动物是依靠食草动物生存的,食草动物是依靠植物生存的,所以,食肉动物是依靠植物生存的。

5. 陈老师批评有的二年级学生,小敏是二年级学生,所以,陈老师批评小敏。

6. 所有甲班同学都理解小朱,小郑不是甲班同学,所以,小郑不理解小朱。

四、运用关系推理的知识解答以下问题:

1. 德国有人曾模仿希特勒笔迹伪造《希特勒日记》发表,人们一时难辨真伪。后来请专家鉴定,发现这些日记本子装订用的布料是化纤布,而化纤是1939年才发明的,这就是说,化纤布的生产时间是在1939年以后,而用化纤布作装订布料的日记本的生产时间当在化纤布生产以后,可是,所谓的《希特勒日记》却是1934年开始写的。于是真相大白:《希特勒日记》纯属伪造。在揭穿骗局的过程中运用了一个关系推理,请你把这个推理列出来,并写出它的逻辑形式。

2. 西方一则民间故事说:某村有一个面包商,他每天都要到附近一家黄油商店去买黄油,买来的黄油多半不够份量,他就去向村长告状,村长便同他一起去调查,有这样一段对话:

村长问黄油店老板:"你有秤吗?"

"当然有,是一个天平……"

"有砝码吗?"

"没有。"

"那怎么称黄油?"

"这容易。瞧,那不是一个面包店?每个面包1公斤,一头放面包,一头放黄油,不是正好吗?"

面包商一听这话,慌忙收回自己的申诉。请把黄油店老板运用的关系推理列出来,并写出其逻辑形式。

3. 从前有甲、乙两个秀才一起谈文。甲说:"天下的文章真有写得好的啊!"乙问:"以兄之见,天下的文章数谁写得好呢?"甲说:"天下文章数三江,三江文章数我乡,我乡文章数我弟,我弟请我改文章。"说毕,挥笔而写,一篇美文,倾刻而就。乙看罢哈哈大笑道:"兄真乃名不虚传,构思新颖,文彩飞扬,只是字(自)大了一点儿。"请问乙为何婉转地批评甲"自大"?请把甲的话中包含的关系推理列出来,并写出其逻辑形式。

五、指出下列模态判断所属的种类,并写出其逻辑形式:

1. 前进的道路上可能遇到挫折。
2. 急于求成必然得不到成功。
3. 欺骗朋友的人必然失去友谊。
4. 他可能不同意你的意见。
5. 人类战胜癌症是可能的。

六、已知下列模态判断为真,根据模态方阵,能推知同素材的哪几个模态判断的真假?请写出推得的结论与所依据的推理公式。

1. 明天必然下雨。
2. 明天必然不下雨。
3. 明天可能下雨。
4. 明天可能不下雨。

七、已知下列模态判断为假,根据模态方阵,能推知同素材的哪几个模态判断的真假?请写出推得的结论与所依据的推理公式。

1. 甲队必然得冠军。
2. 甲队必然得不到冠军。
3. 甲队可能得冠军。

4. 甲队可能得不到冠军。
八、根据模态方阵，写出下列模态判断的矛盾判断和等值判断：
1. 人们对这件事有意见是必然的。
2. 人们对这件事有意见是可能的。
3. 这件事必然得不到群众的拥护。
4. 这件事可能得不到群众的拥护。

第八章 逻辑思维的基本规律

第一节 逻辑思维基本规律概述

普通逻辑是以思维形式为主要研究对象的科学,因此,逻辑思维的规律主要是关于思维形式的规律。在前面几章,已经讨论了概念、判断和各种演绎推理,我们已经知道各种思维形式都有其特殊规则,但在思维过程中除了要遵守这些特殊规则外,还要遵守逻辑思维的三条基本规律。这些规律贯穿于所有逻辑形式之中,是思维的内在的、本质的联系,是运用各种逻辑形式的总原则。

逻辑思维的三条基本规律是同一律、矛盾律和排中律。这些规律从不同方面保证人们思维的确定性、一致性和明确性。思维的确定性要求我们的思想必须保持自身的同一,这主要是同一律所体现的;思维的一致性要求我们的思想不能自相矛盾,这主要是矛盾律所体现的;思维的明确性要求我们在两个相互矛盾的思想之间排除中间可能,不能模棱两可,这主要是排中律所体现的。遵守这三条基本规律,是正确思维的最起码的条件。只有遵守这些基本规律,才能使我们的思维首尾一贯,保持同一和确定,从而做到概念明确、判断恰当、推理有逻辑性;违反了这些规律的要求,我们的思维就会含混不清、自相矛盾和模棱两可,就不能达到正确地表达思想和正确地认识事物的目的。

逻辑思维的基本规律是客观事物的规律性在人们思维中的反映，也是人类在长期的实践中对思维活动的概括和总结，是人们在实践中重复了很多次以后，才在思维中固定下来的。它们不是先验的，也不是主观臆造的。正如列宁在《哲学笔记》中所说："逻辑规律就是客观事物在人的主观意识中的反映。"[①] 当然，我们也应该看到逻辑思维的规律和客观事物本身的规律并不是一回事。客观事物的规律存在于客观事物之中，而逻辑规律是关于思维形式的规律，它只在思维领域中起作用，事物本身并不存在是否要遵守同一律、矛盾律和排中律的问题，不能把二者混为一谈。

第二节 同一律

一、同一律的内容与要求

同一律的内容是：在同一思维过程中，每一思想必须与其自身保持同一。

同一律可以用公式表示为：

A 是 A

"A"表示任何一个思想（概念或判断）。"A 是 A"表示，在同一思维过程中，即在同一时间、同一方面，对同一对象所运用的概念或判断必须保持自身的同一。

同一律的具体要求包括两个方面：

第一，就概念而言，同一律要求在同一思维过程中，任何一个概念的内涵和外延必须具有确定性，不能随意变换。如果概念不确定，在使用同一个概念时，在上文表达的是一种含义，在下文表达的却是另一种含义，这样，就必然会出现混乱。

[①] 《列宁全集》，第38卷，人民出版社1958年版，第195页。

概念是通过语词来表达的,而概念和语词之间的关系是复杂的,同一语词可以表达不同概念,同一概念也可以用不同的语词来表达。因此,在运用语词时要注意保持概念同一,尤其是在使用多义词表达概念时,不能和其他概念相混淆。例如,"杜鹃"这一概念,在同一思维过程中,如果它反映的是一种花,那么就应当始终反映这一种花,不能中途变换成反映一种鸟的另一概念。

第二,就判断而言,同一律要求在同一思维过程中,任何一个判断,如果断定了某种事物情况,那么,它就断定了这种事物情况。始终如一,不能更改。

判断是通过语句来表达的,因此,在同一语言环境中,一个语句所表达的判断是确定的,不能随意变更。尤其要注意,在思考问题和议论过程中,不能随意使用另一个议题来替换原来要论证的论题。

二、违反同一律的逻辑错误

违反同一律的逻辑错误有两种,一种是混淆概念或偷换概念,另一种是转移论题或偷换论题。

1. 混淆概念或偷换概念

混淆概念是不自觉地违反了同一律的要求,把两个不同的概念当作一个概念来使用。这种错误大多是由于认识不清,思想模糊,或者由于缺乏逻辑素养,不善于准确地使用概念来表达思想所造成的。例如,某学生在一篇《观后感》中写道:

我看了电影《园丁之歌》,很受感动。我长大后也要做一名园丁,为绿化、美化祖国作出贡献。

《园丁之歌》是赞美人民教师的,其中"园丁"一词用的是比喻义,指的是教师;而后一句中的"园丁"则用的是本义,指"园艺工人"。在同一思维过程中,未能保持"园丁"这个概念的同一。

偷换概念是故意违反同一律的要求,把不同的概念当作同一概念加以使用。这种错误是有意地不明确某个概念的含义,进而在这个概念中塞进新的含义。例如,有位学生自以为了不起,看不起别人,老师和同学们批评他骄傲,他却说:"老师和同学们都批评我骄傲,我也不否认。但我认为这算不上什么缺点。比方说,我为祖国所取得的伟大成就而骄傲,这又有什么不好呢?"在这段话中,前一个"骄傲"和后一个"骄傲"的含义显然是不同的,前者表示"自以为了不起,看不起别人",后者表示"感到光荣和自豪",这是两个不同的概念。在同一语言环境中使用同一语词,把一个概念暗中调换成另一个概念,这样,就违反了同一律,犯了偷换概念的逻辑错误。

偷换概念也是一种诡辩手法,其目的是为了颠倒黑白,混淆是非,为错误观点辩护。例如,古希腊有名的"有角者"的诡辩:

凡是你没有失去的就是你所有的,你没有失去头上的角,所以,你头上有角。

这里,前一个"没有失去的(东西)"是指原来就有而没有失去的东西,而后一个"没有失去的(东西)"则是指从来就没有当然也不可能失去的东西。正由于诡辩者偷换了"没有失去的东西"这个概念,才导致推出了荒谬的结论。

2. 转移论题或偷换论题

转移论题是指无意地违反同一律的要求,使议论离开了论题。这种错误在写作中也叫离题、跑题或走题。例如:

学习要有恒心,只有持之以恒,刻苦钻研,才能搞好学习。我们是祖国的未来,为了祖国的明天,我们必须学好各门功课,这就要讲究学习方法,有的同学学习方法不对头,我们应当关心他们、帮助他们。特别是班干部更应当严格要求自己,各方面起带头作用,还要积极报名参加学校运动会,为班级增光。

在这段文章里,开头提出的论题是"学习要有恒心",可是后面并没有围绕这一论题展开论证,一会儿扯到"讲究学习方法"的问题,一会儿又扯到"班级干部起带头作用"的问题,最后又扯到"积极参加学校运动会"的问题,这样,就远离了原来的论题,违反了同一律,犯了转移论题的错误。

偷换论题是故意违反同一律要求,用某一论题来暗中代替所要讨论的论题。

例如,历史上,在马克思主义者与无政府主义者进行论战的过程中,无政府主义者故意把马克思主义的一个重要论点——"人们的经济地位决定人们的意识",歪曲为"吃饭决定思想体系"。然后,对马克思主义者再加以攻击。无政府主义者在此用的就是偷换论题这一诡辩手法。我们知道,吃饭是人的一种生理现象,而人的经济地位则是一种社会现象,这两者是根本不同的。

三、同一律的作用

同一律是正确思维的基本保证。同一律要求在同一思维过程中保持思想的确定性。只有思想具有确定性,才能正确反映客观对象,才能进行正确的推理和论证,如果概念混乱,判断有歧义,语无伦次,思想捉摸不定,就无法正确认识客观世界,也无法正确表达思想。

同一律是建立科学理论体系的基础。在一个科学理论体系中,如果违反同一律的要求,这一理论体系就会缺乏严密性和科学性。马克思在《剩余价值理论》中谈到亚当·斯密、李嘉图等人的古典政治经济学的剩余价值理论时,指出他们把剩余价值同利润混淆起来,由此产生了一系列不一贯的说法和没有解决的矛盾与荒谬的东西。这样,由于亚当等人违反了同一律的要求,他们就必然陷入理论困境而寸步难行。后来,马克思在建立他的剩余价值理论体系的过程中,完全纠正了英国古典政治经济学中的逻辑错误,从而使马克思主义政治经济学成为具有严密逻辑性和高度科学性的理论体系。

同一律也是揭露诡辩的有力武器。诡辩家们为了维护错误观点，攻击正确观点，经常玩弄偷换概念或论题的手法，故意颠倒黑白、混淆是非。掌握和运用同一律，就可以反驳谬误、揭穿诡辩。

第三节　矛盾律

一、矛盾律的内容与要求

矛盾律的内容是：在同一思维过程中，两个互相否定的思想不能同真，必有一假。

矛盾律的公式为：

A 不是非 A

这里的"A"表示任一思想，"非 A"表示否定"A"的一个思想，"A 不是非 A"表示，在同一思维过程中，即在同一时间、同一方面，对同一对象不能同时用两个互相否定的思想去反映它。

矛盾律所说的"两个互相否定的思想"包括具有矛盾关系和反对关系的思想。

矛盾律的具体要求包括下面两个方面：

第一，就概念而言，矛盾律要求在同一思维过程中，对于同一个对象不能同时用两个互相矛盾或反对的概念来反映。例如，对于同一个青年，我们不能同时用"共青团员"和"非共青团员"这两个互相矛盾的概念来反映他；对于同一个产品，我们也不能同时用"优质产品"和"劣质产品"这两个互相反对的概念去反映它。

第二，就判断而言，矛盾律要求在同一思维过程中，对于同一对象，不能同时作出两个互相矛盾或反对的判断。也就是说，在同一思维过程中，对于两个互相矛盾或反对的判断不能同时加以肯定。例如：

① $\begin{cases} 所有的球都是圆的。\\ 有些球不是圆的。 \end{cases}$

② $\begin{cases} 所有的球都不是方的。\\ 有些球是方的。 \end{cases}$

例①的两个判断分别是 A 判断与 O 判断，例②的两个判断分别是 E 判断与 I 判断，这两对都是互相矛盾的判断。矛盾律要求在承认"所有的球都是圆的"、"所有的球都不是方的"真时，就必须承认"有些球不是圆的"、"有些球是方的"是假的，因为它们不能同真，必有一假。

根据矛盾律的要求，下面这样的判断也是不能同真的：

所有的球都是圆的。

所有的球都不是圆的。

这是具有反对关系的两个判断。具有反对关系的判断蕴涵着逻辑上的矛盾："所有的球都不是圆的"蕴涵着"有些球不是圆的"，即"SEP"蕴涵着"SOP"，而"SOP"与"SAP"构成矛盾关系，因此"SAP"与"SEP"之间实际上也蕴涵着"A"和"$\neg A$"的关系。

主项相同，而谓项是反对概念的两个判断，也具有反对关系。例如：

① $\begin{cases} 某甲是南京人。\\ 某甲是北京人。 \end{cases}$

② $\begin{cases} 这张纸是白的。\\ 这张纸是黑的。 \end{cases}$

这类判断也是具有反对关系的判断，按照矛盾律的要求，它们也不能同真，必有一假。

复合判断中具有矛盾关系或反对关系的，例如：

① 某人既有德又有才。
② 某人或者无德，或者无才。
③ 某人既无德又无才。

其中①与②具有矛盾关系，①与③具有反对关系，根据矛盾律的要求，它们之间也不能同真，必有一假。

应该注意的是，矛盾律只要求两个互相矛盾或互相反对的判断不能同真，必有一假，并未要求它们只有一假。对于反对关系的判断来说，就有可能两者均假。

二、违反矛盾律的逻辑错误

既然矛盾律要求在同一思维过程中，对两个互相否定的思想不应该承认它们都是真的，那么如果违反这一要求，即同时肯定两个互相否定的思想，那就犯了"自相矛盾"的逻辑错误。例如，有这样一个传说：

一个年轻人想到大发明家爱迪生的实验室里工作。有一天，他找到了爱迪生，并满怀信心地说："我想发明一种万能溶液，它能溶解一切物品。"爱迪生听罢，想了想说："年轻人，你用什么容器来盛放这种溶液呢？它不是能溶解一切物品吗？"年轻人无言以对。

这里，实际上在年轻人的话里包含着"万能溶液能溶解一切物品"与"万能溶液不能溶解盛放它的物品（容器）"这样两个互相否定的思想。在年轻人的头脑里，这两个互相否定的思想是同时成立的，即同时肯定为真的，因而陷入了不能自圆其说的矛盾之中。

自相矛盾的错误在概念运用中有两种表现。一种情况是：两个互相否定的思想包含在同一个概念之中。例如：

电大，您培育着多少焦枯的青苗茁壮成长！

"焦枯的青苗"这个概念包含着逻辑矛盾，既然是"焦枯的"就不会同时是"青苗",如果是"青苗"也不会同时是"焦枯的"。再如,"圆的方"、"五颜六色的红旗"、"可计算的无限序列"等都是自相矛盾的概念,不能正确地反映客观事物。

还有一种情况是:在一句话中使用两个互相矛盾或互相反对的概念去反映同一对象。例如:

戴着老花镜的父亲久久凝视着比自己高出半个头的小伙子,从头到脚,又从脚到头,激动得说不出话来。

这里,"从头到脚,又从脚到头"与"凝视"互相矛盾。

自相矛盾的错误在判断中的表现:

一种情况是在同一思维过程中包含着两个互相否定的判断。例如:

①这个工作我们一定能干好,没有什么困难。只是我们人手不够,可能难以完成。

②我国有世界上任何国家都没有的万里长城。

例①既说"一定能干好"、"没有什么困难",又说"可能难以完成"、"人手不够(意即有困难)",前后两对判断构成了逻辑矛盾。例②包含了"我国有万里长城",与"世界上任何国家都没有万里长城"这样两个互相反对的判断,也构成了逻辑矛盾。

还有一种情况是:对两个互相矛盾或反对的判断同时表示肯定。例如:

某厂讨论如何整顿劳动纪律的问题,一部分人主张对违反纪律的人应该扣奖金,另一部分人认为不应该扣奖金,双方争持不下,老王一摆手说:"你们不要争了,大家说的都对。"

这里,老王对两种截然相反的意见(判断)同时加以肯定,构成了逻辑矛盾。

违反矛盾律的逻辑错误有不同的表现形式,有的比较明显,有的比较隐晦,需要经过推导才能发现。我们应当遵守矛盾律的要求,在日常思维与语言中避免犯自相矛盾的错误,同时也应该善于运用矛盾律来揭示并纠正别人的逻辑矛盾,从而确保进行有效的思想交流。

三、矛盾律的作用

矛盾律也是正确思维的保证。我们不论在何时、何地、对待任何问题,如果不能保持思维的首尾一贯,即无矛盾性,那么,就不可能正确地认识现实,也不可能对问题作出科学的分析,得出正确的结论。

矛盾律是构造科学理论体系的起码要求。任何一种科学理论,如果包含有逻辑矛盾,那么,这一理论就不能成立,或者至少使人怀疑这一理论的可靠性。例如,20世纪初,正当德国逻辑学家哥特洛伯·弗雷格(公元1848~1925)集合理论的重要著作《算法基础》第二卷印刷之时,他接到英国著名数学家和逻辑学家伯特纳德·罗素(公元1872~1970)的信,信中指出他的集合理论中出现了自相矛盾的逻辑错误。此刻,弗雷格只来得及在他的书中插入一个伤感的附记,来表示他发现自己理论体系瓦解时的遗憾。

矛盾律也是进行间接反驳的逻辑基础。如要反驳论题"p",我们可以先证明它的反论题"非p"为真,根据矛盾律,可以从"非p"的真,推知"p"的假。

第四节 排中律

一、排中律的内容与要求

排中律的内容是:在同一思维过程中,两个互相矛盾的思想不能同假,必有一真。

排中律可以用公式表示为：

A 或者非 A

公式中的"A"表示任何一个思想，"非 A"表示与"A"相矛盾的思想，"A 或者非 A"表示，或者 A 真，或者非 A 真，二者必居其一。

具体说来，排中律的要求有下列两个方面：

第一，就概念而言，排中律要求在同一思维过程中，对于一定论域中的某一个对象，或者用概念"A"去反映它，或者用"A"的矛盾概念"非 A"去反映它，二者必居其一。例如，在"车"这个论域中，某一对象或者是"机动车"，或者是"非机动车"，二者必居其一，不能既否认它是"机动车"，又否认它是"非机动车"。

第二，就判断而言，排中律要求在同一思维过程中，对于同一对象所作的两个互相矛盾的判断，必须承认其中有一个是真的，不可能都是假的。例如：

① 小王是共青团员。
② 小王不是共青团员。
③ 某厂所有产品都是合格的。
④ 某厂有的产品不是合格的。

这里，例①与例②、例③与例④分别具有矛盾关系，它们每一对中必有一个是真的。又如：

小王或者是足球队员，或者是篮球队员。
小王既不是足球队员，也不是篮球队员。

这两个复合判断也是互相矛盾的，同样，它们也不能都假，其中必有一个是真的。

二、违反排中律的逻辑错误

在同一思维过程中，如果对两个互相矛盾的思想同时加以否

定,不承认二者必有一真,那就违反了排中律的要求。违反排中律的要求所产生的逻辑错误,称为"模棱两可"。例如:

  采纳他的建议,我不赞成;不采纳他的建议,我也不赞成。

这里,对"采纳他的建议"与"不采纳他的建议"这两个互相矛盾的思想同时加以否定,这就违反了排中律,犯了"模棱两可"的逻辑错误。

三、排中律与矛盾律的联系和区别

排中律与矛盾律是既有联系又有区别的两条逻辑思维规律。

矛盾律要求思维具有一贯性,排中律要求思维具有明确性,这都是为了保证思维的确定性。排中律与矛盾律有共同的客观基础,它们都是客观对象质的规定性在人们思维中的反映。对于两个互相否定的思想,排中律要求不能同假,矛盾律要求不能同真。从这个意义上说,这两条规律互相补充,相辅相成。

排中律与矛盾律的主要区别是:

第一,适用的范围不同。矛盾律既适用于矛盾关系的概念和判断,也适用于反对关系的概念和判断;而排中律只适用于矛盾关系的概念和判断,不适用于反对关系的概念和判断。例如,有人说:"并不是所有的电影都有教育意义,也不是所有的电影都没有教育意义。"这话就不违反排中律,因为"所有的电影都有教育意义"与"所有的电影都没有教育意义"这两个判断是反对关系,它们不能同真,但可以同假。

第二,基本内容不同。矛盾律只是指出两个互相否定的思想不能同真,但并未指出它们必有一真;排中律只是指出两个互相矛盾的思想不能同假,但并未指出它们必有一假。

第三,违反两条规律所犯的错误不同。违反矛盾律所犯的逻辑错误是"自相矛盾";违反排中律所犯的逻辑错误是"模棱两可"。前者是对两个互相矛盾或反对的思想同时加以肯定；后者是对两个互相矛盾的思想同时加以否定。

四、排中律的作用

排中律的主要作用在于保证思想的明确性。思想具有明确性，才能正确地反映客观事物，才能认识现实和发现真理。排中律要求我们在一些重大理论问题面前、在真理与谬误、是与非面前旗帜鲜明，不能有任何游移和含糊。而诡辩论者或机会主义者总是回避在互相排斥的观点之间作出明确选择，以掩盖他们的错误观点。我们掌握了排中律，不仅可以批判诡辩论观点的谬误，而且可以从逻辑上加以揭露。

在论证中，排中律是间接证明的逻辑基础。我们如果要证明论题"p"为真，可以先证明其矛盾论题"非p"为假，然后根据排中律，由"非p"的假就可以推出"p"的真。

排中律的作用是在一定条件下发生的。排中律并不否认客观事物本身有可能存在两种以上的情况或某种中间状态。例如，当我们对一个人作评价时，就不能认为在好与坏或进步与落后两者之中必居其一，因为我们并不能排除其他可能的情况。

练 习 题

一、下列议论是否违反逻辑基本规律的要求，为什么？

1. 老师："请你回答，普通逻辑研究的对象是什么？"
学生："这个问题很重要，它可以帮助同学们明确学习普通逻辑的目的。"
2. 我们对大学生谈恋爱，既不提倡，也不禁止。
3. 群众是真正的英雄，某同志是群众，因而某同志是真正的英雄。
4. 我不认为《红楼梦》是我国最杰出的古典文学名著。但有人说《红楼梦》不是我国最杰出的古典文学名著，对此，我也不敢苟同。
5. 目前，有些报刊热烈讨论关于什么是男子汉的问题。有人议论开了：

"男子汉绝非'奶油小生',而是有理想、有抱负,敢做敢为,有铮铮铁骨的男人。它是勇敢、坚毅、力量的代名词。可惜目前中国的男子汉太少了。据说光是北京市,就有上万名找不到男子汉的大龄姑娘。不过,人口普查时,统计数字表明,男子与女子的比例并没有失调。可见,我国的男子汉并不算少,大概是分布不合理。"

6. 一名高考总成绩 641 分的考生,在到某大学报到时,被查出竟是冒牌货,冒名者高考总成绩仅有 200 分。

二、下列语句所表达的思想各违反了哪条逻辑基本规律的要求?犯有什么逻辑错误?

1. 顾客:你们这里太不注意卫生,啤酒里有苍蝇!

服务员:啊,不要紧,我们这儿苍蝇不会喝很多酒的。

2. 我是有信心把这项工作搞好的,但是说句老实话,我并没有把握。

3. 甲:"你完成了任务没有?"

乙:"谁说我没有完成任务?"

甲:"那么,你是说你已经完成任务了?"

乙:"我并不是说我完成了任务。"

4. 一对新婚夫妇吵架。

她:"我再也忍受不住了,我跟你一刀两断,收拾东西回我娘家去。"

他:"好啊,亲爱的,路费在这儿。"

她:"这钱不够!还有回来的路费呢?"

三、运用逻辑基本规律的知识,回答下列问题。

1. 某工厂发生了一场火灾,保卫部门找甲、乙、丙、丁四人作了调查,这四人分别作了如下回答:

甲:"如果我在场,那么乙不在场。"

乙:"丙在场。"

丙:"甲和乙都在场。"

丁:"甲和乙至少有一人不在场。"

已知四人中只有一个人说了真话,请问:谁说的是真话?发生火灾时谁在场?请说明理由。

2. 某师范学校 92 级(2)班有学生 46 人,有人想了解该班有多少人是共青团员。

A说:"有些人是共青团员。"
B说:"王大年不是共青团员。"
C说:"有些人不是共青团员。"

经查证得知：A、B、C三人中只有一人的话是真的。请问该班究竟有多少共青团员？请说明理由。

第九章 归纳推理

第一节 归纳推理概述

一、什么是归纳推理

归纳推理就是从个别性或特殊性知识的前提推出一般性知识的结论的推理。例如：

> 为了研究宇宙航行的失重状态对动物身体的影响，科学家们曾用狗、猴、鼠和果蝇等个别动物进行实验，以观察它们在失重状态下的反应及经过宇宙航行后身体的变化。多次实验表明，这些动物都能经受长时间的失重状态。科学家们由此得出结论：所有动物都能经受长时间的失重状态。

这里，科学家们用的就是一个归纳推理，它的前提是关于一些个别事物的单称判断，而结论是关于一类事物的全称判断。

归纳推理是人们在认识客观事物的过程中常用的思维形式。客观事物是个别与一般的统一，一般寓于个别之中，要认识一般就必须从个别开始。所以，就整体而言，人们认识客观事物的秩序总是由认识个别的和特殊的事物，逐步地扩大到认识一般的事物；人们总是首先认识了许多不同事物的特殊属性，然后才有可能更进一步地进行概括,认识诸种事物的共同属性。归纳推理的形式和过程都体现了这种认识秩序。正因为归纳推理能把人们的认识由个别扩大到一般,所以,在探索、获得新的知识方面,它有着重要的作用。

由于归纳推理的前提是一些关于个别事物或现象的判断,而结论却是关于该类事物或现象的一般性结论,因此归纳推理的结论往往超出了前提所断定的范围(除完全归纳推理以外)。这就决定了归纳推理的前提只是其结论的必要条件,即只有前提真实可靠,结论才能为真;即使前提真实可靠,其结论也只是可能为真,而不是必然为真。所以,归纳推理的前提与结论之间的联系是或然的。例如,由"金、银、铜、铅、锡受热后体积都会膨胀",推知"所有金属受热后体积都会膨胀"这样的归纳推理中,前提所断定的只是金属类中部分对象具有某种属性,而结论所断定的却是金属类中全部对象都具有这种属性。虽然在较长的一段时间内,上述结论被认为是真实的,然而,就前提和结论之间的逻辑关系而言,却并不是必然的。果然,经过广泛深入的研究,人们发现,有些金属,例如铋和生铁,在一定的温度内受热后体积并不膨胀,而是出现相反的情况。

尽管归纳推理的结论一般来说是或然的,但这结论却是对前提已有知识的扩大和推广,所提供的是全新的知识。所以,对于寻找真理、发现新知来说,归纳推理有着重要的意义和显著的作用,这是其他推理形式无法替代的。

二、归纳推理与演绎推理

归纳推理和演绎推理是人们在思维过程中经常运用的两种推理形式。它们之间既有明显的区别,又有紧密的联系。正确地认识它们之间的区别和联系,有助于我们进一步理解它们各自的逻辑特性和认识作用,从而在思维过程中更好地运用它们,提高我们的思维能力。

归纳推理与演绎推理的区别主要有以下几点：

第一，思维进程的方向不同。演绎推理是从一般性知识推出个别性或特殊性知识，其大前提通常是表达一般性原理的判断，然后结合具体情况推出个别性或特殊性结论。而归纳推理则是从个别性或特殊性知识的前提推出一般性知识的结论，其前提通常是一些表达个别性知识的经验判断，结论则是表达一般性知识的全称判断。

第二，前提与结论的联系不同。这又包括两层含义：

一是演绎推理的结论所断定的范围并未超出前提所断定的范围，前提蕴涵着结论，所以前提与结论之间具有必然性或保真性的逻辑联系；而归纳推理的结论所断定的范围往往超出了前提所断定的范围，前提并不蕴涵结论，只是对结论提供了部分支持，故其前提与结论之间只具有或然性或可真性的逻辑联系。

二是演绎推理有严格的形式与规则，因而所有演绎推理的前提对其结论的支持强度是相同的，即具有最高的支持强度；而归纳推理则没有严格的形式与规则，因此，不同的归纳推理前提对结论的支持强度往往是不同的。所以，在归纳推理中，人们常用加强前提中所展示的事实的方法来提高其结论的可靠程度。

归纳推理与演绎推理之间的联系主要体现在以下两个方面：

第一，归纳推理是演绎推理的基础。因为演绎推理的大前提多半是表述一般性原理的判断，而一般性原理要靠归纳推理来提供。可以说，没有归纳就不可能有一般性的知识。

第二，归纳推理有赖于演绎推理的论证和补充。因为在实际思维中，归纳推理与科学分析是紧密相联的，而科学分析离不开运用演绎推理；归纳推理所得的结论，既要通过实践的检验，也要借助演绎推理来论证和补充。所以，没有演绎推理就不可能实现正确的归纳。

总之，在人类认识客观世界的过程中，归纳推理和演绎推理是紧密联系、互相依赖、相辅相成的，只有把二者结合起来，相互补充，才能在认识中发挥其应有的作用。

三、归纳推理的种类

归纳推理可以根据在前提中是否考察了一类事物的全部对象，分为完全归纳推理和不完全归纳推理。

不完全归纳推理，根据是否揭示了对象和属性之间的因果联系，又可分为简单枚举归纳推理和科学归纳推理。

归纳推理的划分可以列表如下：

归纳推理 { 完全归纳推理
不完全归纳推理 { 简单枚举归纳推理
科学归纳推理

第二节　完全归纳推理

一、什么是完全归纳推理

完全归纳推理是根据对一类事物中每一个对象的考察，发现它们都具有（或不具有）某种属性，从而推出该类事物都具有（或不具有）某种属性的结论的推理。例如：

太平洋的洋底是有矿藏的，
大西洋的洋底是有矿藏的，
印度洋的洋底是有矿藏的，
北冰洋的洋底是有矿藏的，
（太平洋、大西洋、印度洋、北冰洋是地球上的全部大洋）

所以，地球上所有大洋的洋底都是有矿藏的。

再如：

直角三角形的任一边小于其余二边之和，
锐角三角形的任一边小于其余二边之和，
钝角三角形的任一边小于其余二边之和，
（直角三角形、锐角三角形和钝角三角形是三角形的全部）

所以，三角形的任一边都小于其余二边之和。

如果用 S 表示一类事物，用 S_1，$S_2 \cdots S_n$ 表示该类中的个别（或特殊）对象，用 P 表示某种属性，那么完全归纳推理的逻辑形式可以表示如下：

S_1 是（不是）P
S_2 是（不是）P
S_3 是（不是）P
…………
S_n 是（不是）P
（S_1，S_2，S_3，$\cdots S_n$ 是 S 类的全部对象）

所以，所有 S 是（不是）P

由于完全归纳推理考察的是一类事物的全部对象，所以它的结论并未超出前提的范围，结论与前提之间的逻辑联系是必然性的或保真性的。

二、完全归纳推理的运用

因为完全归纳推理的结论是可靠的，所以在日常思维和科学研究中，常常用它作为证明的方法。完全归纳推理尤其适用于那些要求得出精确结论的场合。例如，证明平面几何的一条定理："和一个弧相对应的圆周角，等于圆心角的一半"，就是在全部考察了圆心在圆周角的两边之间、之外和在一边之上这三种可能情况之后，才得出结论，证明成立的。这个证明过程就运用了完全归纳推理。再如，本书第四章三段论规则第六条"两个特称前提不能推出结论"和第七条"如果前提中有一个是特称的，那么结论必定是特称的"的证明，也都运用了完全归纳推理。

完全归纳推理实际上是认识和思维的综合过程。虽然从数量上看，完全归纳推理的结论并没有提供超出前提范围的新的知识，但它却是经过归纳、综合所得出的关于某类事物的一般性结论，与前提中一个一个的个别性知识有了质的不同，这反映了人们的认识从个别上升到一般的飞跃。

运用完全归纳推理要获得正确的结论，必须注意以下两点：

第一，完全归纳推理的每一个前提都必须是真实可靠的。

第二，完全归纳推理的前提必须穷尽一类事物的全部对象，只有考察了该类事物的全部对象之后推出的结论才是可靠的。

完全归纳推理的运用，还有它的局限性。这是因为它的结论必须在考察一类事物的全部对象之后才能得出，所以，当人们所要认识的事物包含的对象数量极大，甚至是无限的时候，运用完全归纳推理就是非常困难的，甚至是不可能的。这就要运用另一类归纳推理——不完全归纳推理。

第三节 不完全归纳推理

一、什么是不完全归纳推理

不完全归纳推理是根据一类事物中的部分对象具有某种属性，从而推出该类对象都具有某种属性的推理。

不完全归纳推理是人们常用的一种思维形式。例如，"所有的物体都有质量"，"所有的天体都是运动的"，"所有的麻雀都是五脏俱全的"等结论，就是通过不完全归纳推理得出的。许多科学原理都是通过不完全归纳推理提出假说或猜想，然后再加以证实的。运用不完全归纳推理可以克服完全归纳推理的局限性。

不完全归纳推理的前提只断定一类事物的部分对象具有某种属性，而结论却是断定该类事物的全部对象都具有某种属性，结论所断定的知识超出了前提的范围，前提对结论的支持强度低于完全归纳推理，所以不完全归纳推理的结论是或然的。

不完全归纳推理包括简单枚举归纳推理和科学归纳推理。

二、简单枚举归纳推理

1. 什么是简单枚举归纳推理

简单枚举归纳推理又叫简单枚举法。它是以经验认识为主要根据，考察了某一属性在部分同类对象中不断重复而未遇反例的一系列事实，从而推出该类事物的所有对象都具有某种属性的归纳推理。例如：

蛇是用肺呼吸的，
鳄鱼是用肺呼吸的，
海龟是用肺呼吸的，
蜥蜴是用肺呼吸的，
（蛇、鳄鱼、海龟、蜥蜴都是爬行动物）

所以，所有爬行动物都是用肺呼吸的。

简单枚举归纳推理是一种初步的简单的归纳，它是根据某种共同属性在一些同类对象中不断重复且没有遇到相反情况而推出结论的。但是，在考察中没有遇到反例并不等于不存在反例，很可能反例就存在于尚未被考察到的同类对象中。一旦出现反例，结论就会被推翻。例如，人们曾经根据所观察到的许多动物的血液都是红色的这些共同属性，归纳推出结论"所有动物的血液都是红色的";但后来又发现鲨这种动物的血液不是红色的,于是,这个结论被否定了。可见,简单枚举归纳推理的结论并不是充分可靠的。

简单枚举归纳推理的逻辑形式可以表示如下:

S_1 是 P

S_2 是 P

……

S_n 是 P

(S_1,S_2…S_n 是 S 类的部分对象,在枚举中没有出现反例)

所以,所有 S 都是 P

2. 简单枚举归纳推理的运用

简单枚举归纳推理是直接建立在经验基础上的一种概括方法,尽管因其结论的或然性质而在现代精密科学中不再被广泛运用,但是它简便、实用,所以在一般科学研究和日常生活中仍有一定的作用。科学上的重要发现,往往是由这种推理得出假说,然后发展起来的。例如,人们首先对"太阳从东方升起"这种自然现象进行简单枚举归纳,然后才会从地球自转并围绕太阳公转的内在联系上揭示出"太阳东升"的根本原因。又如,人们通过简单枚举归纳发现,闪电总是在雷声之前,这就为进一步探索和研究光速与音速提供了线索。所以,只要我们在运用简单枚举归纳推理的时候,不把它的结论看作是定论,而看作是待证的,并以此为线索继续考察研究,它对我们获得可靠的结论是大有帮助的。

另外,人们对生活经验的许多概括也常常是运用简单枚举归纳推理获得的。例如,"瑞雪兆丰年"、"种瓜得瓜,种豆得豆"、"路遥知马力,日久见人心"等谚语、格言,都是根据生活中多次重复的现象和事例概括出来的。

为了提高简单枚举归纳推理结论的可靠程度,在运用这种推理方法时要注意以下两点:

第一,尽量增加前提中被考察对象的数量并扩大其范围。因为前提中列举的事实越丰富,考察范围越广,对结论的支持强度就越高,推理的根据就越充分,结论的可靠程度也就越高。反之,结论的可靠程度就低。

第二,注意考察可能出现反面事例的场合。简单枚举归纳推理的结论一般是全称肯定判断,因此,只要出现一个反面事例,结论就会被推倒。如果在一些比较容易出现相反情况的场合都没有遇到反面事例,那就说明该类对象中存在反例的可能性不大,因而结论的可靠程度就高。

运用简单枚举归纳推理,如果不注意上述两点要求,而只是根据少量事实,又不注意考察可能出现的反例,就作出一般性的结论,那就容易犯"以偏概全"或"轻率概括"的错误。

三、科学归纳推理

1. 什么是科学归纳推理

科学归纳推理又叫科学归纳法,它是以科学分析为原则,根据一类事物中部分对象与某种属性具有因果联系,从而推出该类事物的全部对象都具有某种属性的归纳推理。例如:

> 意大利的那不勒斯附近有个石灰岩洞,人们带牛马等高大牲畜通过岩洞从未发生问题,但是狗、猫、鼠等小动物走进洞里就会倒地死亡。人们通过科学分析得知,上述小动物之所以死亡,是因为它们的头部都靠近地面,而洞内地面附近沉积二氧化碳,缺乏氧气。于是人们得出结论:所有头部靠近地面的小动物进洞都会因窒息而死亡。

科学归纳推理的逻辑形式可以表示如下:

S_1 是 P

S_2 是 P

……

S_n 是 P

(S_1,S_2…S_n 是 S 类的部分对象,并且与 P 有因果联系)

所以,所有 S 都是 P

因为科学归纳推理所依据的是对事物具有某种属性的原因进行的科学分析,所以,虽然它的结论所断定的知识也超出了前提的范围,因而结论也是或然的,但要比简单枚举归纳推理的结论可靠得多。

2. 科学归纳推理的运用

科学归纳推理在科学认识上有着重要的作用。回顾人类科学发展史就会发现,许多重大的科学发现和发明都是运用科学归纳推理作出的;许多科学定律和定理的提出,都离不开科学归纳推理。例如,伽利略的自由落体定律、门捷列夫的元素周期表、施莱登和施旺的细胞学说和达尔文的进化论等科学理论的形成和完善,都曾借助科学归纳推理,使认识由现象深入到本质,进而发现客观事物之间的因果联系,正确地把握事物发展变化的规律。

科学归纳推理在人们日常生活及工作中也有广泛用途,例如"抓典型"、"搞试点"和"以点带面"等工作方法,实际上运用的就是科学归纳推理。

在科学归纳推理中,前提对结论的支持强度并不是靠数量多少来体现的,结论的可靠程度取决于对事物及其属性进行科学分析后得出的因果联系。根据这个特点,我们在运用科学归纳推理时必须注意以下两点:

第一,应当尽量选择具有代表性和典型性的事例作为前提考察的对象。因为越是具有代表性、典型性的考察对象,越是能够集中、准确和明白地反映存在于现象和现象之间的因果联系。

第二,对前提考察对象作科学分析所依据的理论应当是先进的。进行科学分析所依据的理论越先进、越严密,科学归纳推理的结论也就越可靠。

第四节 探求因果联系的逻辑方法

一、概述

在科学归纳推理的运用过程中,需要探寻事物的因果联系,在此基础上才能得出结论。要正确地分析、探求事物的因果联系,就必须恰当地运用科学的逻辑方法。这些逻辑方法是人们在长期的实践与认识中逐渐总结出来的。在具体介绍这些方法之前,我们必须首先明确什么是事物现象间的因果联系。

自然界和社会中的各种现象都是与其他现象互相联系、互相制约的,如果某个现象的存在引起另一个现象的产生,那么这两个现象之间就具有因果联系,引起某一现象产生的现象叫原因,被某一现象引发的现象叫结果。因果联系是客观世界中最普遍的联系之一,任何现象都是有原因的,没有原因的现象是不存在的。正确地认识客观世界中因果联系的客观性和普遍性,是一切认识和实践的重要前提。

因果联系是客观世界事物现象间互相联系的一种形式,它具有自身的特点,这些特点正是确立探求因果联系的逻辑方法的客观依据。因果联系除了具有客观性和普遍性特点之外,还有以下几个特点:

第一,因果联系的相继性。原因和结果在时间上存在着先后顺序,原因总在结果之前,而结果总是在原因之后。因此,在探求因果联系时,应当从先行的现象中去找原因,在后继的现象中去找结果。

第二,因果联系的确定性。因果联系的确定性,从质的方面来说,就是在相同的条件下,一定的原因会产生一定的结果;从量的方面来说,如果原因发生数量或程度的变化,那么结果也会随之发生变化。

第三,因果联系的复杂性。原因和结果之间的联系是多种多样的。一个现象的产生可以是一个原因引起的,也可以是多种原因引起的。一种原因可以只产生一个结果,也可以产生多个结果。因此,在探求因果联系时,应当注意复杂现象的构成原因或结果。

第四,因果联系的相对性。原因和结果的关系又是相对的,一个现象对某一现象来说是原因,而它对于另一个现象来说又是结果。在特定的条件下,因果还可以相互转化。

探求现象间的因果联系是个复杂的认识过程,既包括通过观察、实验和调查以收集事实材料,又包括对事实材料进行比较和分析,运用推理作出结论,最后还要经过实践的检验。下面介绍的只是一些初步的简单的逻辑方法,基本上以一因一果的联系为考察对象,虽然对探求较为复杂的因果联系来说是难以胜任的,但在一般的日常思维中,仍然是实用、有效而不可替代的认识工具。

二、探求因果联系的方法

1. 求同法

求同法的基本内容是:在被研究现象出现的若干场合中,如果只有一个情况是在这些场合中共同具有的,那么这个唯一的共同情况就是被研究现象的原因。例如:

在上一个世纪,人们还不知道为什么某些人会患甲状腺肿大之病。后来,在对该病较为流行的地区进行调查和比较时发现,这些地区的人口、气候和风俗等状况各不相同，只有一个情况是共同的，即土壤和水流中缺碘，居民的食物和饮水也缺碘。人们由此得出结论：缺碘是甲状腺肿大的原因。

如果用 a 表示被研究的现象，用 A 表示不同场合中唯一相同的情况，用 B、C、D、E、F、G 分别表示在不同场合中各不相同的情况，那么求同法的逻辑公式可以表示如下：

场合	先行情况	被研究现象
（1）	A，B，C	a
（2）	A，D，E	a
（3）	A，F，G	a
……	……	……

所以，A 是 a 的原因

求同法是一种筛选法，即从多种不同的场合中排除不相干的情况，筛选出与被考察现象的出现相关联的共同因素，求同法的特点是异中求同，即通过除异来求同。

求同法的有效性根据，在于因果联系的确定性，即相同的原因引起相同的结果。但是客观世界中因果联系的复杂性又使这种方法受到局限。所以，求同法的结论并不十分可靠。为了增加结论的可靠性，运用求同法时需要注意以下两点：

第一，增加比较的场合。进行比较的场合越多，被研究现象出现的不同先行情况之间差异越大，结论的可靠程度也就越高。因为如果比较的场合较少，各场合出现的先行现象之间的差异也不大，那么，就容易把一些偶尔相同或表面相似的不相干现象误认为是共同的原因。

第二，不要停留在对现象表面相同或相异的发现上。表面上的相同或相似并不一定就是现象产生的真正原因；表面上的不同，又可能隐藏着重要的共同情况，而这个隐藏的共同情况可能正是被研究现象产生的真正原因。例如,在探究疟疾发病原因的过程中,曾经有人根据疟疾病高发区大都具有瘴气潮湿的现象,误把瘴气潮湿当作疟疾的原因。其实,疟疾的真正病源是疟原虫;蚊子是疟原虫的传播者,而瘴气潮湿的环境是蚊子易于孳生的场所。又如,棉花能保温,冬天的积雪覆盖在麦苗上也能起到保温作用,使麦苗不受冻。从表面上看,棉花和积雪是很不相同的;但在不同之中,又隐藏着一个重要的共同点,那就是两者都具有疏松多孔的基本结构,因而能够积存大量的空气。这正是棉花和积雪都能保温的原因。

2. 求异法

求异法的基本内容是:在被研究现象出现和不出现的两个场合中,如果只有一个情况不同,其他情况完全相同;而且这个唯一不同的情况在被研究现象出现的场合中出现,在被研究现象不出现的场合不出现,那么这个唯一不同的情况就是被研究现象的原因。例如:

科研工作者把电铃放在玻璃罩内,通电后,便可听到铃声;可是如果把罩内的空气抽净,再通电却听不到铃声。在这两个场合中,玻璃罩、通电、铃响等情况都是相同的,只有一个情况不同,即在前一个场合有空气,而在后一个场合没有空气。有空气就能听到声音,没有空气就听不到声音,于是科研工作者得出结论:空气是传播声音的原因。

求异法的逻辑公式可以表示如下:

场合	先行情况	被研究现象
(1)	A, B, C	a
(2)	$-, B, C$	$-$

所以,A 是 a 的原因

求异法的特点是同中求异，即通过排同来求异。求异法的有效性根据是原因和结果的相关联系，即在一定的条件下，某个原因存在，就引起某种结果；某个原因不存在，也就不会引起某种结果。这种方法的优点在于它有正反两种场合相对照，而且它不只靠观察，还可以通过科学实验的方法设置不同的场合，然后进行对比分析。所以，求异法结论具有更高的可靠性。

为了更有效地运用求异法，应当注意以下两点：

第一，严格要求"其他情况相同"，仔细研究两个场合中是否还有不同的情况。如果在表面上相同的情况中还隐藏着不同情况，那么这个隐藏的情况可能是被研究现象的真正原因。例如，某个同学每到上课时就头疼，不上课就没事，他以为是患了神经衰弱症，所以一上课就头疼。后来经医生检查，发现引起他头疼的原因，是他在上课时才戴的那副不合适的近视眼镜。该同学只注意到上课与不上课的这个差异，而没有注意到上课时戴眼镜与下课时不戴眼镜这个隐藏着的不同情况，因而没有找到引起头疼的真正的原因。

第二，要认真分析两个场合唯一不同的情况是被研究现象的总体原因，还是部分原因。因为，如果被研究现象的总体原因是复合的，而且各个部分原因的单独作用也是不同的，那么总体原因的一部分情况不出现时，被研究现象也会不出现。这种情形很可能会被误认为已经找到了被研究现象的全部原因。例如，植物的光合作用过程，其原因是复合的，植物吸收太阳光的能、空气中的二氧化碳和水分制作碳水化合物。如果将两组绿色植物都给予二氧化碳和水分，而其中一组给予阳光照射，另一组则得不到阳光，那么，前一组植物能进行光合作用，后一组则无光合作用。但此时并不能得出结论，认为阳光照射是引起植物光合作用的唯一原因。因为阳光照射供给能量仅仅是引起植物光合作用的部分原因，并不是总体原因。在这种情况下，只有寻找出总体的原因，才能真正把握被研究现象之间的因果联系。

3. 求同求异并用法

求同求异并用法的基本内容是：如果在被研究现象出现的一组场合（正事例组）中只有一个共同情况，在被研究现象不出现的另一组场合（负事例组）中都没有这个情况，那么，这个情况就是被研究现象的原因。例如：

> 人们在农业生产实践中发现，种植大豆、豌豆、蚕豆等豆科植物时，不仅不必给土壤施氮肥，而且这些豆科植物还可以增加土壤中的氮含量。但在种植小麦、玉米、水稻等非豆科植物时却没有这种现象。事实上，这两大类作物的种植条件大致相同，只是上述豆科植物的根部有根瘤，而其他植物则没有。人们由此得出结论：豆科植物的根瘤与土壤中氮含量的增加有因果关系。

求同求异并用法的逻辑公式可以表示如下：

场合	先行情况	被研究现象	
(1)	A, B, C, E	a	
(2)	A, D, E, F	a	正事例组
(3)	A, F, G, B	a	
...	......	...	
(1)′	$-, B, F, E$	$-$	
(2)′	$-, C, D, E$	$-$	负事例组
(3)′	$-, D, G, F$	$-$	
...		...	

所以，A 是 a 的原因

求同求异并用法的主要特点是把正面场合的一组（正事例组）与反面场合的一组（负事例组）加以比较，无论正事例组或负事例组都至少要有两个以上的场合。求同求异并用法实际上是求同法的补充和发展。求同法只要求观察有一个共同现象和条件的一组事例,求同求异并用法则不仅如此,还要求观察没有那一个共同现象和条件的另一组事例(即负事例组),然后根据这两组事例正反两面的比较分析得出结论。因此也可以说,求同求异并用法是求同法和求异法的有机结合。

应当指出的是,不能简单地将求同求异并用法理解为求同法与求异法的相加与重复。求同求异并用法的特点是正反两组场合都先求同:正面场合求同"有",反面场合求同"无";然后再将正反两组比较求异。因此,求同求异并用法也被称作间接求异法。

求同求异并用法只适用于对同类正、反两组事例的比较分析,只有与被考察现象有关的情况可以被分为正、反两组场合时,才可运用求同求异并用法。为了更有效地运用这一方法,应注意以下两点:

第一,尽量增加正反场合情况的数量,因为比较的情况越多,就越能排除偶然凑巧的情形,就不大容易把一个不相干的因素与被研究现象联系起来。例如,看起来很灵验的一些巫术,往往是利用少数场合的偶然凑巧情形来进行蛊惑;如果考察的场合多了,这些骗人的把戏就会露出马脚。

第二,要选择与正面场合同类、相似的反面场合来进行比较。这是因为,反面场合的事例是无穷的,它们对于探求被研究现象的因果联系并不都是有意义的,只有考察那些与正面场合同类或相似的反面场合才是必要的。反面场合的情况越是与正面场合的情况同类或相似,其结论的可靠程度就越高。例如,医学上常常运用求同求异并用法来总结医疗经验,在选择正反场合事例时,总是力求找到彼此对应的最类似的病例加以比较,这样才能得到较为可靠的结论。

4. 共变法

共变法的基本内容是:在被研究现象发生变化的各个场合中,

如果某个现象发生一定程度的变化,被研究现象也随之发生一定程度的变化,而其他情况均保持不变,那么,这个现象与被研究现象之间有因果联系。例如:

> 实验表明,相同重量的气体,在相同的压力下,温度升高,则其体积膨胀,温度升得越高,气体体积膨胀的幅度就越大;反之,温度降低,则体积缩小,温度降得越低,气体体积缩小的幅度也越大。于是,人们得出结论:温度的升降与气体体积的膨胀和缩小有因果联系。

共变法的逻辑公式可以表示如下:

场合	先行情况	被研究现象
(1)	A_1,B,C	a_1
(2)	A_2,B,C	a_2
(3)	A_3,B,C	a_3
……	……	……

所以,A 与 a 有因果联系

共变法的有效性根据在于客观事物的原因与结果之间的共变关系。共变法的特点是从变果求变因,即从现象数量或程序的变化来判明因果联系。当现象的变化可以用精确的数量表示时,就能把现象的因果联系用函数关系表示出来,从而使结论具有较大的可靠性。所以,共变法在科学研究中是被广泛运用的。

运用共变法应注意以下两点:

第一,共变法只适用于单一因果相关变化的场合。就是说,只能有一个情况发生变化而导致被研究现象随之变化,其他情况应保持不变;如果还有其他情况在发生变化,那就可能得出错误的结论。

第二,两个现象之间的共变关系是有一定限度的。超过这个限度,它们的共变关系就会消失,或者发生一种方向相反的共变关系。例如，许多物理、化学反应和温度有共变关系，在一般情况下，温度越低，反应速度或强度越低；但是当温度进一步降低到接近绝对零度时，反应的速度或强度反而有所提高，甚至大大提高，使原来的共变关系发生方向相反的变化。

另外，运用共变法时还要注意，有时两种现象似乎发生共变，但它们之间并不存在因果联系。例如，电闪和雷鸣之间的共变，并不反映它们具有因果联系；因为这种共变只是事物的表面现象，真正本质的联系是：电闪和雷鸣都是自然放电所引起的结果。所以，运用共变法要避免仅仅停留在对事物表面的、偶然的现象观察上，而应当深入考察事物的本质现象。

5. 剩余法

剩余法的基本内容是：如果已知某一复合的被研究现象是由某个复合的先行情况所引起，并且已知该复合现象中有一部分是由那个复合的先行情况中某一部分情况所引起，那么，被研究的复合现象的剩余部分就是由那个复合的先行情况中未知的另一部分情况所引起。

自然科学的许多重大发现就是运用剩余法获得的。例如，19世纪中叶，一些天文学家发现，天王星的实际运行轨道和按照已知行星的引力计算出来的轨道不同，有几个地方发生了偏离。经观察分析，已知其中几个地方的偏离分别是由几颗行星的引力所引起的，所剩另一个地方偏离的原因尚未知道。天文学家进一步考虑：既然天王星运行轨道几个地方的偏离是由若干行星的引力综合所致，现又确定其中几个地方的偏离是由几颗已知行星引力所引起的，那么，剩下的一个地方的偏离应当是另一颗未知行星的引力所引起的。根据这一结论，天文学家计算出这颗未知行星的运行轨道。不久，通过定向观察，果然发现了一颗新的行星——海王星。此后，天文学家又用同样的方法发现了冥王星。

剩余法的逻辑公式可以表示如下：

被研究的复合现象 $S(a, b, c, d)$ 由复合原因 F 引起
a 的原因是 F 中的 A 情况
b 的原因是 F 中的 B 情况
c 的原因是 F 中的 C 情况
──────────────────────────
所以，d 的原因是 F 中未知的 D 情况

剩余法的特点是从余果求余因，在研究某个复合现象发生的原因时，运用剩余法可以对那些观察和实验尚未发现的隐性原因有所提示。因此剩余法也是作出科学预言的工具，在科学研究中有着广泛的应用。但是，剩余法是以其他探求因果联系的方法为基础的，只有通过其他方法确定了某一复合情况与某个复合现象之间具有因果联系，确认 A、B、C 分别是 a、b、c 的原因并且被研究的复合现象的剩余部分 d 不可能由 A、B、C 引起，这时才能根据因果联系的普遍性原理，确定复合原因 F 中应当有未知的 D 是 d 的原因。

运用剩余法应当注意，客观事物之间的因果联系是非常复杂的，只有反复实验，深入探求，并用已有的知识加以论证，才能得到较为可靠的结论。

以上我们分别介绍了探求因果联系的五种基本的逻辑方法。在实际思维过程中，人们并不是孤立地运用这些方法，而是将它们互相补充、交互为用的。

练 习 题

一、指出下列归纳推理的种类，并写出其逻辑形式。

1. 水稻能进行光合作用，大豆能进行光合作用，松树能进行光合作用，这三者都是绿色植物，所以，凡是绿色植物都能进行光合作用。

2. 蜻蜓有六足四翅两触角，蝴蝶有六足四翅两触角，蝗虫也有六足四翅两触角；蜻蜓、蝴蝶和蝗虫都是昆虫，所以，昆虫都有六足四翅两触角。

3. 律诗是押韵的,绝句是押韵的,而近体诗只有律诗和绝句两种;所以,凡近体诗都是押韵的。

4. 数学家高斯在少年时,曾快速计算出这样一道题:1+2+3+…+98+99+100。他的计算方法并不复杂:将 1 到 100 这 100 个数,按顺序把头尾序数相同的两数相加,即 1+100,2+99,3+98,…,50+51,每一对数字之和都是 101,共 50 对,所以,这道题的得数是 5050。

5. 人们发现杨树、冬青和青菜在阳光照射下都能放出氧气。经科学分析,原来绿色植物在阳光照射下能发生光合作用,分解水而放出氧气。人们认识了这种内在的联系后,就概括出一般性结论:凡是绿色植物都能通过光合作用放出氧气。

二、下列归纳推理是否正确?为什么?

1. 守株待兔、惊弓之鸟、滥竽充数、狐假虎威,这些成语都是四个字组成的,所以,汉语里的成语都是由四个字组成的。

2. 俄国的契诃夫原来是学医的,英国的柯南道尔原来是学医的,中国的鲁迅、郭沫若都学过医,美籍华人韩素音原来也是医生,由此看来,凡知名作家开始都是学医的。

3. 新西兰学者弗林等人调查了 20 个国家学童的智商情况,发现这些国家学童的总体智商都比过去有所提高,无一例外。如英国学童的平均智商指数比 1942 年提高 27,美国学童的智商指数比 1918 年提高 24,其他如法国、加拿大、日本、以色列、巴西、中国、澳大利亚、新西兰等国学童智商指数提高的幅度也大致与此相似。于是,他们得出结论:当今世界所有国家学童的总体智商都比过去有所提高。

三、下列结论能否通过完全归纳推理得到?为什么?

1. 原子都是可分的。

2. 人人都有思维能力。

3. 天上勾勾云,地上雨淋淋。

4. 所有不小于 4 的偶数都可以表示为两个素数之和。

5. 两个特称判断做前提的三段论不能必然推出结论。

6. 任何社会形态的基本矛盾都是生产力和生产关系、经济基础和上层建筑的矛盾。

四、下列各题运用了何种探求因果联系的方法?分别写出逻辑形式。

1. 击鼓有声，敲锣有声，说话有声，这些发声现象，只有一种情况相同，即物体的振动。由此推知：物体振动是物体发声的原因。

2. 把狗的小脑切除，其他部分未切除，结果狗失去了动作协调的能力。由此得出结论：小脑的这部分神经中枢正常可能是动物动作协调的原因或部分原因。

3. 地球磁场发生磁暴的周期经常与太阳黑子的周期一致。随着太阳上黑子数目的增加，磁暴的强烈程度也增高。当太阳上黑子数目减少时，磁暴的强烈程度也随之降低。所以，太阳黑子的出现可能是磁暴的原因。

4. 鲨鱼有极强的免疫力，它们从不生病，也不会得癌症。科学家们对此进行了研究，他们从鲨鱼鳍中提取出一种物质，制成药丸，用来治疗患有肿瘤的一组野兔；同时，以患有肿瘤的另一组野兔为对照组，只喂给其他营养品。三个星期后，那些用鲨鱼鳍提取物药丸治疗的野兔，其肿瘤周围没有血管生长，肿瘤的生长受到了抑制；而那些对照组的野兔，其肿瘤周围的血管明显增多，肿瘤的生长没有受到抑制。这一试验结果表明，鲨鱼鳍的提取物质有明显的抗癌作用。

5. 有一组运动员，虽然他们从事的运动项目不同，但他们都积极从事体育锻炼，因而他们的身体十分健康；而另一组不大从事体育锻炼的人，虽然他们的职业不同，但他们的身体状况都不大好。于是，我们得出结论：积极参加体育锻炼是使人健康的原因。

6. 某厂生产一种瓶子，长期亏本，于是该厂组织专人对生产成本进行全面分析。他们调查发现，生产一只瓶子成本达 0.23 元。经过分析、核算，得知其中原料和加工费用以及正常损耗共花去 0.17 元，尚有 0.06 元花费不知原因。经过进一步调查，终于得知这 6 分钱是由于管理不善造成的非正常损耗。弄清了这种因果关系，就采取措施，扭亏为盈。

第十章 类比推理与假说

第一节 类比推理

一、什么是类比推理

类比推理就是根据两个（或两类）对象在一系列属性上相同，推知它们在其他属性上也相同的一种推理。

例如，人们已知红外线是一种具有穿透力的光线，它能使微生物细胞的某些成分发生变化，并且因此而具灭菌作用；还知道紫外线也是一种具有穿透力的光线，也能使微生物细胞的某些成分发生变化，由此推知，紫外线也具有灭菌作用。这里运用的就是类比推理。

类比推理的逻辑公式可以表示如下：

A 对象具有 a、b、c、d 属性
B 对象具有 a、b、c 属性

所以，B 对象也具有 d 属性

类比推理有效性的客观依据在于：客观事物各自具有的诸多属性都不是彼此孤立、互不相干的，而是相互制约、相互联系的。正确地把握事物属性之间相互制约、相互联系的规律，就可以运

用类比推理去由此及彼地认识客观事物。

与演绎推理和归纳推理相比,类比推理有着明显的特点。演绎推理和归纳推理虽然在思维进程方向上有所不同,但它们都是在同类对象的范围内进行的。类比推理的特点不仅在于从思维进程方向来说是从个别到个别或从特殊到特殊,更重要的是,类比推理可以突破同类关系的严格限制,对客观存在的那些差异较大的不同对象进行考察、比较、分析,从而推出结论。人们既可以把类比推理运用在两个不同的个体事物之间,如地球与火星;也可以运用在两个不同的事物类之间,如太阳系与原子内部结构;还可以运用在某类的个体与另一事物类之间,如作为试验对象的猴子与人类,等等。

类比推理属于或然性推理,其结论可能真也可能假。这是因为,客观事物属性之间虽然是相互制约、相互联系的,但是这种制约和联系是非常复杂的,类比推理只是根据简单的比较而进行推论,因此不能确切地把握事物属性之间的逻辑联系。从上述的公式也可看出,进行类比推理时,是把已观察到的对象 A 的属性 a、b、c 与 d 的联系推及对象 B,并由对象 B 有属性 a、b、c 而推断对象 B 有属性 d;显然,在推理过程中,并没有根据能够证明属性 a、b、c 与属性 d 有必然联系,所以,其结论不具有必然性。

二、如何提高类比推理结论的可靠性

类比推理结论的可靠程度主要取决于前提所确认的相同属性的广度和本质性程度。要提高类比推理结论的可靠性,应当注意以下三点:

第一,要尽可能增加进行比较的对象属性的数量,并尽可能多地确认对象的相同属性。因为,进行比较的属性的数量越多,则属性之间相互制约的关系越容易被发现;而对象之间的相同属性越多,就说明它们在自然领域中的地位也是较为接近的,这样,类推出来的属性（如上述公式中的d）也就有较大的可能是进行比较的两个对象所共有的。例如，科学家在研究人类是否会因过多地食用食盐而引起高血压这个问题时，就选择了黑猩猩作为类比对象进行试验。这是因为黑猩猩是与人类最为相近的灵长类动物，具有较多的可以用来与人类相比较的属性，而且其中有许多属性已被确认是相同的。试验的结果是，当一组十几只黑猩猩每天的食盐量按比例逐渐增加到一定程度时，大多数黑猩猩都得了"高血压"；而在对这些患"高血压"的黑猩猩停止供给食盐数月之后，它们都恢复了正常的血压。将这个结论类推于人类，科学家由此而确认：人类过多地摄入食盐会诱发高血压。

　　第二，类比中所确认的相同属性越是属于对象的本质属性，而且这些相同的本质属性越是与类推出来的属性相关联，则其结论的可靠程度就越高。因为本质的东西是对象的内在规定，对象的其他属性大多是由对象的本质决定的；所以，两个对象的已知相同属性如果是本质的，那么，它们就有其他一系列属性也是相同的，类推出来的属性也就有较大的可能是它们的相同属性之一。如果类推出来的属性与两对象已知相同属性之间的相关联系是紧密的，那么结论的可靠性就高；相反，如果类推出来的属性与已知的相同属性之间没有紧密联系，那么，即使类比对象之间的相同属性再多，其结论也是不可靠的。例如，1998年夏季，长江中上游地区出现了长时间大范围的强降水天气，造成长江流域特大洪灾。灾后，有人将此次灾情与发生在1954年的长江流域特大洪灾进行类比，发现这两次洪灾有许多相同之处，而1954年的冬季长江流域出现了严寒天气，当年冬季的平均气温和冬季极端最低气温都低于正常年值，为建国以来的最低点。于是得出结论：这次灾后冬季也会出现严寒天气。但是这个结论并不可靠，因为虽然这两次洪灾确实有不少相同之处，但也有一个重要的不同点：1998年特大洪灾的起因之一是"厄尔尼诺"现象，而1954年却不是。

如果把"厄尔尼诺"现象看作是这次特大洪灾的本质属性之一,那么,由于1954年洪灾并无这一相同的本质属性,上面类推出来的"严寒"属性与已知相同属性之间并不存在紧密的联系,故结论不可靠。事实上,由于继续受"厄尔尼诺"现象的影响,1998年洪灾过后,长江流域出现了"暖冬"天气。

第三,要注意寻找可能存在的与类推的属性相排斥的属性,以免得出错误结论。在依照上述逻辑公式进行类比推理时,如果发现对象 B 中存在着与推出的属性 d 相排斥的属性,那么即使对象 A 与 B 之间存在许多相同的属性,其结论"对象 B 具有 d 属性"也是不能成立的。例如,人们曾经将火星与地球进行类比,发现二者有许多相同的属性,如都是太阳系的行星,都是球形,都有自转和公转,都有大气层,等等。因此,人们得出结论:"火星上可能有高等生物,甚至可能有'火星人'。"后来,随着科学的发展,人们借助宇宙飞船对火星进行了更为深入、准确和细致的考察,发现火星的大气层非常稀薄,其中约有96%是二氧化碳,而二氧化碳是不适于高等生物生存的。这一新发现的属性,就和原来类推出来的属性相矛盾,所以,其结论"火星上可能有高等生物"是不能成立的。

三、类比推理的运用

由于类比推理是一种受前提约束较少,并且在从已知推导未知的过程中具有较强的指向性和创造性的思维形式,所以,它是人们认识和改造客观世界的重要工具。在科技领域和日常思维中,类比推理得到了广泛的运用。

许多科学理论的发现和科学技术的发明与创造,都是运用类比推理的结果。例如,荷兰物理学家惠更斯提出光的波动说,就是把光与水、声音类比而受到的启发;英国生物学家达尔文将自然界生物的进化与人工选择培育生物相类比,得出结论,形成理论，写出具有划时代意义的《物种起源》；美国科学家富兰克林发明避雷针，就是在将空中闪电与发电机产生的电进行类比后受到了启发；而飞机、潜水艇的最初设计和制造，是从风筝和鱼受到了启发。

现代科学工程技术领域中方兴未艾的仿生学，也是类比推理的具体运用。例如，乌贼的行动速度极快，素有海上火箭之称，它的最大时速可达150公里，这主要靠它那简单的形体结构和稳定可靠的高速喷水推进器。人们模仿它设计制造了有喷水推进器的侧壁气垫船，速度可达每秒40米，能在不到1米深的浅水中高速航行，这个创意就是运用类比推理得到的。其他如电子蛙眼、蝇眼摄像机和盲人眼镜等高科技产品，也都是类比仿生的成果。仿生技术是一种模拟方法。所谓模拟方法，就是用模型与原型进行类比，故又称为模拟类比。模拟类比在现代科学工程技术中得到广泛的运用。仿生学所运用的模拟类比，是由自然原型类推到技术模型，其形式可以表示如下：

自然原型具有属性 a、b、c、d
技术模型具有属性 a、b、c

所以，技术模型也具有属性 d

还有一种模拟类比是由试验模型类推到研制原型，其形式可以表示如下：

试验模型具有属性 a、b、c、d
研制原型具有属性 a、b、c

所以，研制原型也具有属性 d

例如，科学家为了研究黄河下游的"游荡"问题，就采用小的模型，在上游建个拦水坝，观察下游是否会发生改道。为了考察飞机发动机的性能，不是直接装配试飞而是先在风洞中进行试验。为了研制 30 万吨水压机，先研制 3 万吨水压机，等等。

在日常思维活动中，人们还经常运用类比推理证明观点、说明问题。例如，在《邹忌讽齐王纳谏》一文中，邹忌就是运用类比推理来论证"王之蔽甚矣"的："臣诚知不如徐公美。臣之妻私臣，臣之妾畏臣，臣之客欲有求于臣，皆以美于徐公。今齐地方千里，百二十城，宫妇左右莫不私王，朝廷之臣莫不畏王，四境之内莫不有求于王。由此观之，王之蔽甚矣。"因为类比贴切，论证严谨，具有很强的说服力，所以齐王接受了邹忌的规劝。又如，在法律制度中有一种关于"类推"的规定，即对刑法条文中没有明文规定如何审判和制裁的犯罪行为，可以比照刑法条文中最相类似的条文进行定罪和量刑。这种"类推"就是类比推理在社会活动领域中的具体运用。

在运用类比推理时，要避免犯"机械类比"的逻辑错误。所谓机械类比，指的是仅仅根据某些属性的偶然相同或表面相似，将实质上完全不同的两种对象硬放在一起进行类比，得出错误的结论。例如，爱迪生小时候看到母鸡坐伏在鸡蛋上孵小鸡，他想，母鸡能用自己的体温孵出小鸡，我也可以用体温孵出小鸡来。于是，他找来一些鸡蛋放在墙角里，自己孵起小鸡来。后来，妈妈告诉他，人体温度只有摄氏 37 度左右，而母鸡孵小鸡时体温有摄氏 45 度，所以，人体温度是不能孵出小鸡的。小爱迪生敢想敢干的探索精神是可贵的，但在这里他犯了机械类比的错误，因为人和母鸡都有体温只是表面上的相似属性，而实际上两者有着很大的不同。又如，达·芬奇曾模仿鸟翼制作了一架"扑翼机"，试图用人脚的蹬力来推动机械飞行。这也是一种机械类比：鸟有翅膀能飞，人安装"翅膀"后也应该能飞。其实，人体的结构与鸟类有着本质的不同。人的骨骼和肌肉的重量是"翅膀"飞翔时所不能承受的巨大负载。再如，一些社会达尔文主义者把人类社会的生存发展和生物界的生存竞争作机械类比，鼓吹生存竞争是人类社会发展的基本动力,这当然是荒谬的,因为人类社会与生物界是两个完全不同的领域,有着本质的区别。

最后,还需要指出,类比推理与比较、比喻是不同的。比较是辨认对象之间的相同或不同之处;类比推理则是在比较的基础上对被研究对象的某种未知情况作出推断。可以说,比较是类比推理的基础,而类比推理则是在比较基础上进一步探求新知。如果思维过程仅仅停留在有关被研究对象之间的相同或不同之处的材料的整理上,而不作进一步的推导,那么它就只是比较,而不是类比推理。比喻是一种修辞手法,其目的在于用形象、生动的事物来形容说明较为抽象的事物,使人易于理解和接受,并不要求推导新知,也不具备这方面的功能;比喻的基础是事物之间的相似点,只要适合语境,一个相似点就可构成比喻,而并不要求有更多的相似点,也不要求这个相似点和事物的某个本质属性相关联。例如,在说明地球内部构造时,人们常用煮熟的鸡蛋的蛋黄、蛋白和蛋壳来形容地核、地幔和地壳,这就是比喻,而不是类比推理。

第二节 假 说

一、什么是假说

假说又叫假设,是以已有的事实材料和科学原理为依据对未知的事实或规律作出的推测性说明或解释。

人们对客观事物及其规律的认识,总是要经历一个由现象到本质的曲折复杂过程。一个正确的认识并不是一下子就能形成的。在探索新知的过程中,人们经常根据已经掌握的一些事实材料和现有的相关科学原理,经过一定程序的逻辑思维,对所研究的对象作出推测性的断定。这种推测性断定在真实性、正确性尚未被最终确认之前，就称为假说。

例如，有一年夏天，某国境内蝉的数量大大超过往年，不仅蝉声大噪，昼夜烦人，而且树木也因汁液被大量吸食而显得枯萎。为什么会一下子出现这么多的蝉？科学家经研究发现，蝉的一生分为卵、幼虫、蛹和成虫四个阶段。在蝉生命周期的四个阶段中，前三个阶段都是蛰伏于地下，只有到最后阶段，成虫才钻出地面寻找配偶交配，然后产卵死去。蝉的生命周期一般较长，该国有一种蝉的生命周期为17年，而当年恰好是这种蝉生命周期的最后一年，所以有无数的成虫破土而出，形成所谓"大年"。科学家还发现，该国还有一种蝉，其生命周期为13年。问题看来是解决了，但细心的科学家注意到"17"和"13"两个数都是质数，于是产生疑问：为什么蝉的生命周期偏偏是质数呢？这个在一般人看来似乎荒唐可笑的问题却引起了科学家的重视，因为许多类似的自然现象实际上是客观规律的反映。科学家经过仔细研究，认为"17"和"13"这两个质数并不是毫无意义的选择，而是蝉生存及种族繁衍的需要。这是因为，在漫长的生命周期中，蝉得见天日的时间既短暂又关键，为了好好地利用这宝贵的生命最后一刻，蝉必须选择一个它的天敌和其他竞争对手最少的时机问世；而它的天敌和竞争对手有着不同的生命周期：1年、2年、3年、4年等，各种年限都有，于是，除1和本身之外不能被其他任何整数整除的质数就成了蝉生命周期的最佳选择，因为此时出土碰上天敌及竞争对手的概率是最低的。当然，蝉不懂数论，更不会自己选择生命周期，它的生命周期与数论原理相符合恰恰反映生物进化的自然选择规律。太古时期，蝉的祖先可能具有包括1年、2年、3年，以至17年、18年在内的各种不同的生命周期，经过漫长的进化过程，那些生命周期不适于生存竞争的蝉被自然淘汰了，剩下的便是少数以质数为生命周期的现有品种。科学家对蝉的生命周期为何是质数这个问题的说明和解释，就是一种假说。

假说有以下几个方面的特点：

第一，科学性与假定性的统一。假说是以客观事实和科学知识为根据，并经过一定的逻辑推论得出的，它既不同于毫无事实根据的宗教迷信、无知妄说，也不同于缺乏科学论证的简单猜测和幻想。假说是人类认识世界的一种能动性表现，是科学发展的普遍形式。假说又具有猜想、推测的性质，与确已证实的科学理论（如定律、原理）是不同的。任何假说都是对未知的某种现象或某种规律性的猜想，它是否正确，还有待于验证。

第二，解释性与预见性的统一。一个假说必须能对有关事实给予合理的解释。一个假说能够解释的事实越多，就表明支持该假说的证据越多，该假说的意义也就越重大。不仅如此，一个假说还必须尽可能多地预测未知的事实；假说所预见的事实被证实，是对该假说最有力的支持，也是该假说价值的最有力的体现。

第三，继承性与变革性的统一。在许多情况下，假说是某个领域中原有理论中断和延续的统一。它既不违背该领域中已被确认的科学理论，同时又是对传统观念的变革，和原有理论相比，具有一定的进步性。假说是科学认识中形成理论体系的必经阶段，也是一个理论发展到另一个理论的桥梁，因此假说总是相对的、易变的，在实践的检验中不断被修改、补充、更新和完善，经过这样的循环往复、破旧立新，人的认识就会更全面、更正确地反映客观世界。

二、假说的形成

假说的形成是一个较为复杂的创造性思维过程。不同领域、不同性质的假说，其形成的方式也是有所不同的。就一般情况而言，一个完整、成熟的假说，大致要经历两个基本阶段：即假说的初步提出阶段和假说的基本完成阶段。下面试以在地球物理学界产生过重大影响的"大陆漂移说"的形成过程为例来加以说明。

第一阶段，是假说形成的初始阶段。在这个阶段中，根据为数不多的事实材料和已有的还不能充分解释被观察到的事实的有关科学原理，经过思维加工，提出初步的假定。例如，17世纪以来，已有许多学者发现了非洲西部的海岸线与南美洲东部的海岸线彼此吻合的事实，尽管隔着宽阔浩瀚的南大西洋，但两岸各自的突出部分和凹进的海湾都遥相呼应。甚至用罗盘仪在地球仪上测量，也会发现双方的大小都有着惊人的一致。北半球的情形也是如此：如果把北美洲东海岸和格陵兰拼在一起，就能进一步与欧洲连成一片。当时已有的地质科学理论还不能解释这些看似巧合的事实。德国学者魏格纳想得更深，他认为这些现象并不是偶然巧合，而是必有原因的。魏格纳依据当时已知的力学原理和地质学理论对所收集到的地形、地质、气候等方面的材料加以分析、比较，经过深入的思考，初步勾勒出一个设想，即现有的各大陆原先很可能是合在一起的一整块大陆，后来由于这块大陆破裂后漂移，才形成目前的格局。按魏格纳的设想，破裂的大陆块彼此漂移分开，就像漂浮的冰山一样逐步远离开来。于是，在1912年，魏格纳发表《大陆的生成》一文，开始提出大陆漂移的观点。这是假说形成的第一阶段。

在形成假说的初始阶段里，初步提出的假说具有明显的尝试性和暂时性；其内容还比较简单，不够深刻，必须经历第二阶段，才能使之完善。

第二阶段，是假说形成的完成阶段。在这个阶段中，要从已确立的初步假定出发，经过事实材料和科学原理的广泛论证，使假说成为一个内容充实、逻辑严谨和结构稳定的系统。例如，在发表《大陆的生成》一文后，魏格纳以大陆漂移这一假定为中心，广泛收集材料并对其作出合理的解释说明，获得了支持假说成立的大量证据。如各个大陆块可以像拼板玩具那样拼合起来，它们边缘之间的吻合程度是非常高的，这是大陆漂移的几何拼合证据；

大西洋两岸以及印度洋两岸彼此相对地区的地层构造相同，这是大陆漂移的地质证据；大西洋两岸的古生物种（植物化石和动物化石）几乎完全相同，还有大量的古生物种属（化石）是各大陆都相同的，这是大陆漂移的古生物证据；留在岩层中的痕迹表明，在35000万年前到25000万年前之间，今天的北极地区曾经一度是气候炎热的沙漠，而今天的赤道地区曾经为冰川所覆盖，这些陆块古时所处的气候带与现今所处的气候带恰好相反，这是大陆漂移的古气候证据，等等。在充分占有地球物理学、地质学、古生物学、古气候学、大地测量学等学科材料，对大陆漂移的初步假定作了广泛严谨的论证之后，该假说基本完成，已成为较为严谨的学说，其标志就是在1915年出版的《海陆的起源》。在这本书里，魏格纳进一步明确了大陆漂移说的核心设想，即在地质时代的过程中大陆块有过巨大的水平运动，这个运动直至今日还可能在继续进行着。按这一设想，魏格纳预言大西洋两岸的距离正在逐渐增大，格陵兰由于继续向西移动，它与格林威治之间的经度距离正在增大。至此，魏格纳完成了假说形成的第二阶段。

第二阶段结束后，假说应当具备较为完整的理论形态，建立起逻辑系统，使其理论观点简明而严谨。只有这样，一个假说才基本完成。

三、假说的验证

假说的验证就是通过社会实践或科学实验来验证由假说推出的结论是否符合实际情况，从而对假说作出评价。假说的验证也是一个极为复杂的过程。这个过程并不是在假说创立之后才开始的，而是在假说的形成中就往往伴随着相关的检验。在假说形成的不同阶段，其验证的意义也是不同的。假说初步提出和基本完成阶段中所进行的某个或某些验证，其主要目的是为了明确思路、修正调整，使初步的设想逐渐完整、合理，假说基本成立。而假说创立之后的验证才是具有决定意义的,只有通过这个阶段的验证,人们才能对假说的真理性给予全面的、严格的评价。

假说的验证方法有多种,必须根据研究对象的特点或性质来决定选择哪一种验证方法。

如果假说的主要内容是关于可以观测或考察到的现象或对象,那就可以采用直接验证的方法。直接验证一般以观测实验或实际考察等形式来进行。例如,19世纪德国动物学家施旺和植物学家施列登分别发现了动物和植物机体都是由细胞组成的;在此之后,施列登又在植物细胞中发现了细胞核。于是,施旺设想,如果动物和植物在本质上有相同点的话,那么动物细胞也应有细胞核。他用显微镜反复观察,果然发现动物细胞中的细胞核,从而证实了这一假说。又如,古人类学家认为在"北京人"与现代人之间缺乏一个衔接环,经研究后,提出一个假设:与"北京人"同期还存在着另一种古人类"智人";智人比"北京人"更接近现代人类,他们经常闯进"北京人"的领地杀死并吃掉他们,所以在同一堆积层才会有那么多"北京人"骨骼化石出土。这一假说可以通过实际考察的手段来直接验证:假如在相应的堆积层里发现了智人的骨骼化石,那么假说就被证实;假如没有发现,则假说未被证实,假如发现的事物与假说相反,那么该假说就被证伪、被推翻。

如果假说的主要内容是关于事物规律性的陈述,不可能也不必要进行直接验证,那么,就需用间接验证。一般地说,间接验证由如下两个环节构成:

首先,从假说的基本观点出发,结合当时已被人们确认的科学原理,引申出关于某些事实的结论。这其实是一个逻辑推演的过程,可以用公式表示为:

如果 p,则 q

其中 p 可以是关于假说基本观点的整体的断定,也可以是关于假说基本观点的部分的断定；q 可以是关于已知事实的推论，也可以是关于未知事实的推论。如果假说的基本观点是正确的，那么由它结合当时已有的相关知识所作出的关于事实的推断 q 也应当是真实的。

然后，通过科学实验或社会实践来检验从假说推演引申出来的结论。这一环节对于假说的验证具有决定的意义。如果假说推演的结论或预见与事实结果一致，假说就在一定程度上得到证实；如果不一致，则假说被否定。由于从某个假说基本观点引申推演出来的结论可以是许多个，所以，在这一环节中要尽可能地验证所有的推论。

下面举例来说明间接验证的过程。

本世纪 20 年代初，苏联科学家奥巴林提出了地球上的生命是地球表面的无机物通过一系列生命前的化学演化而产生的假说。如果这一假说是正确的，那么，就可以由它推出如下结论：第一，在一定的条件下，无机物小分子能够形成有机小分子；第二，有机小分子能够形成生物大分子；第三，生物大分子能够发展为多分子体系；第四，多分子体系能进化为原始生命。这些都是以假说为前提，逻辑地推演出来的结论。这是间接验证的第一环节。1953 年，科学家米勒通过实验对这一假说进行验证。他在一个球形的容器中放入甲烷、氨、水、氢等简单分子来模拟地球原始的还原性大气，在另一连通容器中盛有氨水，以模拟地球的原始海洋。他把氨水加热来模拟原始海洋温度升高时大气中的氨增加，再使这些混合气体受电火花的作用来模拟地球早期的闪电雷击等自然现象；冷却下来一周之后，经过分析，发现容器中确实生成了蚁酸、醋酸、丙酸和更为复杂的氨基酸等有机分子，而氨基酸正是构成蛋白质的基本单位。这便是间接验证的第二环节。此后，又有许多科学家进行了类似的试验，得到了相同或相近的结果，证明无机物确实可以在一定条件下生成有机物。于是，奥巴林关于生命起源的假说在较大的程度上得到了证实。但是，由于实验的手段和结果还存在着一些局限和不足，所以，该假说还不能说已完全得到证实。

假说的验证与假说的形成一样，也是一个非常复杂的过程。对假说的验证，有几个问题值得注意：

第一，对一个假说的验证在确证程度上会有所不同。如果我们仅以假说中的某一部分作为推断的理由，并且从这个理由引申出的结论在实践中得到确证，那么这个假说的可靠性程度并不高。如果以假说的整体或对假说具有决定意义的部分为推断理由，由此引申出的结论在实践中得到确认，那么该假说的可靠程度就比较高。另外，如果从假说中引申出的结论有许多个，其中被证实的越多，那么该假说的确证程度就越高，反之，确证程度就低。

第二，假说的验证具有相对性。作为理论系统的假说，其验证不可能是绝对的、完全的，因为在一定的历史阶段，人类具体的实践活动总是不完备的，受到一定的主客观条件的限制。实践活动具有相对性，因而它对假说的验证也是相对的。某一假说提出后，可能被当时的实践所确证；但是随着科学技术水平的提高和认识的不断深化，使得原来已被确认的假说又被否定，"燃素说"就是如此。反之，有的假说当时被否定，后来又得到确证，这些都是假说验证相对性的反映。

第三，假说验证的完成是个历史过程。

一个假说的真伪往往不是由个别的实践活动就能完全验证的，它的真理性必须在人类社会历史实践的长期考验中逐步得到判定。一个科学假说往往需要不断修正、补充，甚至经过几代人的长期努力才能确立。假说转化为科学理论也是逐步完成的，即使假说已转化为科学理论，它们也是不完全地反映现实的相对真理，在长期实践中将不断受到检验，得到修正、完善和更新，这就是人类认识发展的规律。

四、假说与推理

假说离不开推理。假说的形成和验证过程,实际上是运用各种推理的过程。

一般说来,在假说的初步提出阶段的思维活动,主要是采用归纳推理和类比推理的方式来进行的。例如,德国数学家哥德巴赫经过一系列验算的归纳,提出一个初步的设想:任何大于或等于6的整数,都可以表示成三个质数的和,这个设想的提出,就是用的不完全归纳法。后来,在瑞士数学家欧拉的帮助下,这个设想进一步发展为著名的"哥德巴赫猜想",即每个大于2的偶数都可以表示为两个质数之和。又如,奥地利物理学家发现一种声学现象,即声波与观察者相互接近时,接收到的声波频率会升高,相互离开时就会降低;他将声波的运动和光波的运动作了比较,提出了一个假定,认为这种现象不仅适用于声波,并且也适用于光波,即一个运动的光源,只要其运动得足够快,它所发出的光线在到达观察者眼睛时,颜色就会发生改变,就是说,光的频率会发生移动。这个初步设想就是运用类比推理的方式提出的。后来,这个设想被进一步完善为红移假说。

假说基本完成阶段的思维活动,主要是采用演绎推理的方式来进行的。因为,一方面假说的完成阶段必须圆满地解释有关事实,即从已经确立的假定观点出发,引申出关于事实的结论,这实际上就是从一般向个别的推演;另一方面,初始阶段的初步假定,还只是个内容相对简单和片面的设想,必须联系多方面的知识,经过演绎论证来充实其理论内涵,使初步假定设想发展成为一个完整的假说。例如,仅仅有了大陆漂移这个简单的想法,还不算是个严谨的假说,只有在全面论证了大陆漂移的原动力、方向和速度等一系列重大问题之后,才能使大陆漂移说作为一个完整的学说登上科学发展的历史舞台。这是一个综合运用多方面科学知识和客观事实进行严格论证的过程,其中演绎推理的作用是十分突出的。

在假说的验证阶段,从总体看,主要是运用两种推理形式。一种是用于确证的推理形式:

$$\begin{array}{l}\text{如果 }p\text{,则 }q\\ q\\ \hline \text{所以,}p\end{array}$$

其中 p 表示假说,q 表示由假说引出的推论。以奥巴林生命起源假说的验证之一为例:如果地球上生命是由地球表面的无机物通过一系列生命前的化学演化而产生的,那么,在一定条件下,无机物分子就能够生成有机物分子。现已证明无机物分子确实能够生成有机物分子,所以,地球上生命是由地球表面的无机物通过一系列生命前的化学演化而产生的。这个推理有一个充分条件假言判断为前提,然而,这并不是一个充分条件假言推理的有效式,因为充分条件假言推理不能由肯定后件必然地肯定前件,所以,其结论不必然为真。运用这种推理形式验证假说,只能使它得到某种程度的确证,即使有较多的事实性结论成立,也只是增加了假说被确认为科学理论的可能性,究竟结果如何,还有待于长期实践的检验。而这一点,又与归纳推理的性质相符,因此,有人称之为"归纳确证推理"。

另一种是用于证伪的推理形式:

$$\begin{array}{l}\text{如果 }p\text{,则 }q\\ \text{非 }q\\ \hline \text{所以,非 }p\end{array}$$

这是充分条件假言推理的否定后件式。倘若验证的结果表明由假说引出的推论 q 不能成立,那就该否定假说 p。从推理形式看,这是演绎推理的有效式,其结论具有必然性。但事实上却并非如此简单。因为,假说 p 可以是一个复杂的系统,它由一系列判断组成,可用 p_1, p_2, $\cdots p_n$ 表示;由假说 p 引申出的推论,也可以是一系列判断,可用 q_1, q_2, $\cdots q_n$ 表示,那么,由假说 p 推出结论的整个过程就应该表示为:如果 p_1 真且 p_2 真且 $\cdots p_n$ 真,那么,q_1 真且 q_2 真且 $\cdots q_n$ 真。按演绎推理规则,只要 q_1、q_2、$\cdots q_n$ 中有一个不成立,则整个后件 q 就被否定,进而整个前件 p(即 p_1, p_2, $\cdots p_n$ 的合取)被否定。但是,"p_1, p_2, $\cdots p_n$"的合取式被否定,并不意味着每一个合取支 p_1, p_2, $\cdots p_n$ 都被否定,因为,有可能只是其中的一支或数支被否定了,其余的仍可能为真。所以,否定一个假说是一个复杂的问题,一个错误的假说也可能有某些合理的成分。

总之,假说与推理有着密切而又复杂的联系,我们应当具体地全面地把握和理解。

五、假说的作用

假说在人们的认识活动中,特别是在科学活动中有着非常重要的作用。它是人们发现科学规律、创立科学理论的不可缺少的环节。任何科学理论,最初都是以假说的形式出现的。假说在科学发展中起着突破和开拓的作用。例如,哥白尼的日心说给宗教神学宇宙观以致命的打击,使自然科学开始从神学统治下解放出来;达尔文的进化论在生物学领域引起了一场伟大的革命,对心理学、社会科学等方面也产生了深远的影响;卢瑟福提出的原子的核式结构模型假说促进了原子物理学发展的新飞跃。再如天体物理学宇宙大爆炸说、地质学板块结构说、物理学光量子说等等,都给科学带来了重要的新突破,而这种突破的实现和完成,必将使科学发展产生巨大的变革。所以说,只要自然科学在思维着,它的发展形式就是假说。

在社会科学领域内，假说也是一种重要的发展形式。马克思所创立的唯物史观，最初提出时也只是一种假说。后来马克思在《资本论》这部巨著中对资本主义社会作了深刻的剖析，根据大量的事实材料和精辟的理论分析，揭示了资本主义社会的基本矛盾，从而对唯物史观作出了科学的论证，使之成为从根本上改变现代人思想的科学真理。

在其他学术研究中，假说也有着非常重要的作用。例如，据史书记载，2000多年前荆柯"图穷匕首见"行刺秦王政时，在场的众多侍卫竟无一人拔剑救护，这的确是个令人费解的现象。近来，有的文史专家经过考证研究，提出了这样一种假说，即秦王政是从安全考虑，规定身边的文武官员及随从侍卫全部佩带假剑，佩剑实属礼仪性质。这一假说得到了1980年在秦始皇陵出土的实物的支持：出土的两乘彩绘铜车马在制作上的一个特点是写实求真，可唯独两个御官俑的佩剑却是假剑；而实际上秦代冶金技术相当高超，秦俑坑就发现10多把工艺精良的青铜剑。另一个间接的支持是，在唐太宗昭陵展览陈列中，亦保留着太宗李世民赐给功臣徐懋功的佩剑——一把装饰华贵的假剑。尽管这一假说还需经过进一步的验证，但它对历史上的某个特殊现象作出了较为合理的解释，这就是一个重大的进步。

在日常生活中，假说也被广泛运用。例如，医生对患者诊断病情，有时需要对发病原因作出种种假定性的推测；司法工作者对案件的侦查和审理，企业发展的改革方案，商贸行业对市场供求情况的预测，对一个建设工程的可行性研究等等，都需要运用假说。

但是，假说是有局限性的，因为假说的成立并不等于就是科学真理，必须坚持以唯物辩证法为指导，运用科学原理，在实践中对其不断地加以检验与修正，使之能在更大的程度上正确地反映客观事物及其规律。

练　习　题

一、下列类比推理是否正确？如不正确，请指出逻辑错误所在。

1. 神学家比西安·亚雷认为：太阳是被上帝创造用来照亮地球的；而我们总是移动火把去照亮房子，决不会移动房子去被火把照亮，由此可知，是太阳绕着地球转，而不是地球绕着太阳转。

2. 达尔文和他的表姐埃玛结婚，生了十多个子女，但个个体弱多病，有的甚至终生不育。后来达尔文在科学实验中发现异花受精的后代较优，而自花受精的后代较弱，于是，他进一步认识到自己子女体弱多病，原因是近亲结婚。

3. 据有关资料报道：野鸭往往单脚独立，用另一只脚敲击地面使之发生震动，感觉灵敏的蚯蚓受到震动后便爬出地面，结果成了野鸭的美餐。于是，当地面并未受到外力的敲击又是晴天的条件下，蚯蚓也爬地面时，人们便想到这是不是意味着蚯蚓受到了来自地球内部震动的影响呢？后来人们就根据蚯蚓在异常情况下爬出地面来预报地震。

4. 在台湾发现了罕见的全身长白毛的猴子后，有人就得出结论说，与台湾自然条件相似的西双版纳也一定有全身长白毛的猴子。

二、依次分析下列三则材料，并回答下述问题：该材料中研究者提出了什么假说？该假说的提出运用了什么推理？验证假说用的是什么方法？

1. 南北朝时的贾思勰读书时善于动脑筋，当他读到荀子《劝学》篇"蓬生麻中，不扶而直"两句话时，他想：纤细的蓬长在粗壮的麻中，就会长得很直，那么，把细弱的槐树苗种在麻田里，也会这样吗？于是他做了实验。槐树苗由于周围的阳光被麻遮住，便拼命向上长。三年过后，槐树果然长得又高又直。

2. 1893 年，英国物理学家瑞利在测定气体重量时，发现从空气中得到的氮比从氨及其他氮化物中制得的氮要稍微重一点，每升体积大约相差 6 毫克，差不多是一个跳蚤的重量。为了解释这个现象，瑞利设想了五种可能：第一，由空气中得到的氮可能含有微量的氧；第二，由氨中制得的氮可能混杂了氢；第三，由空气中得到的氮可能含有密度较大的 N_3 分子；第四，由氨中得到的氮可能有一部分已经分散,所以密度减小了;第五,由空气中得到的氮中可能含有一种比较重的未知气体。他通过实验,排除了前四种可能,剩下最后一种可能。为了找到未知的气体,瑞利重复了卡文迪什的实验:使氧和氮在电火花作用下生成氧化氮,再用苛性钠吸收,剩下的未被吸收的就是所要找的未知气体。这种气体,不与其他物质化合,所以取名叫"氩",希腊文是"懒惰"的意思。

3. 河北省某县普遍流行斑釉齿病,患者牙有氟斑,腰酸腿痛,骨胳变形。某医疗队深入到一个村进行调查,发现村北的患者数为村南患者数的十倍。医疗队考察了村北的自然环境,发现它和村南大体相同,只是经常饮用的井水不同,用村北井水煮出的土豆呈绿色,而用村南的井水煮则无此现象,据此推测患斑釉齿病可能与所饮的井水有关。经过化验,发现村北井水的含氟量大大高于村南井水的含氟量,超过国家水质标准中的规定数十倍,由此推断:村北的斑釉齿病发病率高,主要是由于饮水中含氟量过高引起的。

第十一章 论 证

第一节 论证概述

一、什么是论证

论证就是根据已知为真的判断,通过逻辑推理来确定另一判断的真实性的思维过程。论证包括证明和反驳。

证明就是根据已知为真的判断来确定另一判断为真的思维过程。例如:

> 光是具有质量的,因为,光对照射到的物体产生了压力;而当且仅当一个东西具有质量,它才能对物体产生压力。

这就是一个证明。在这个证明中,是根据"光对照射到的物体产生了压力"和"当且仅当一个东西具有质量,它才能对物体产生压力"这两个已知为真的判断,通过推理,确定了"光是具有质量的"这个判断为真。

反驳就是根据已知为真的判断来确定另一判断为假或破斥一个论证的思维过程。例如:

> 所有的植物都不能以其他有生命的东西为养料的说法是错误的。因为,猪笼草能"吃"昆虫,以昆虫为养

料。昆虫当然是有生命的东西,而猪笼草是植物,所以,

有的植物是以其他有生命的东西为养料的。

这就是一个反驳。在这个反驳中,是根据"猪笼草吃昆虫,以昆虫为养料"、"昆虫是有生命的东西"和"猪笼草是植物"等已知为真的判断,通过推理,否定"所有的植物都不能以其他有生命的东西为养料"这一判断为真,即确定其为假。

证明与反驳是论证过程中对立统一的两个方面。证明的目的在于确认一个判断为真,反驳的目的在于否定一个判断为真,即确定其为假,这是二者的主要区别。但二者在实质上又是互相联系、互相依存的。证明了一个判断为真,实质上也就反驳了与之相矛盾的另一个判断;而反驳了一个判断,实质上也就证明了与之相矛盾的另一判断为真。所以,在具体的论证过程中,证明与反驳常常是交互使用的。一般来说,证明是立论,反驳是驳论;反驳实际上是用一个证明去推翻另一个证明,可以说,反驳是一种特殊的证明。

必须明确,论证是一种主观的、理性的思维活动,它要以实践证明为基础,并最终由实践来检验。

二、论证三要素

任何论证都是由论题、论据和论证方式三要素构成的。

1. 论题

论题是要通过论证来确定其真实性的判断。在证明中,论题是需要被确认为真的判断,如前面例子中"光是具有质量的";在反驳中,被反驳的论题是需要被确定为假的判断,如前面例子中"所有的植物都不能以其他有生命的东西为养料"。

论题也叫论点,是论证过程的主题,它表明"论证什么"。论题可以是已被确认或否定的判断,也可以是尚待确定真假的判断。前者常见于课堂教学和科学成果介绍等场合的论证之中,这种论

证侧重于表述，以便使人清楚、明白地理解和接受所论证的观点；后者如科学假说中的论题，是有待于论证来确定其真假的判断，这种论证侧重于探求，为的是探索未知领域中的规律，为新的假说寻找理论和事实的根据。

2. 论据

论据是在论证中被用来作为确定论题真实性的根据的已知为真的判断。在证明中，论据就是用来确认论题真实的判断，如"光对照射到的物体产生了压力"和"当且仅当一个东西具有质量，它才能对物体产生压力"就是确认论题"光是具有质量的"为真的论据。在反驳中，论据就是用来确定论题虚假或破斥一个论证的判断，如"猪笼草吃昆虫，以昆虫为养料"、"昆虫是有生命的东西"和"猪笼草是植物"就是确认论题"所有的植物都不能以其他有生命的东西为养料"为假的论据。

论据也叫理由、根据，是整个论证过程的支柱，它所表明的是"用什么进行论证"的问题。在一个论证中，论题只有一个，而论据的多少则要根据论证过程的实际需要来确定，可以是一个，也可以是多个。在一系列论据中，那些真实性已经确定、可以直接运用的论据，叫"基本论据"；那些由基本论据推导出来的论据，叫"非基本论据"，也叫"推导论据"。

论据可以是有关科学原理的判断，如公理、定理、定义、定律等等，也可以是有关经验事实的判断。前者被称为理论论据，后者被称为事实论据。

3. 论证方式

论证方式是论证过程中论据与论据及论据与论题之间的逻辑联系方式，是论证过程中所有推理形式的总和。

论证方式所表明的是"如何论证"的问题。有了论题和论据，并不等于作出了论证。论证还包含了一个从论据到论题的逻辑推演过程，即通过一系列推理，从基本论据逐步推出论题的过程，因此，采用适当而又正确的论证方式，是使一个论证成立的重要条件。在不同的论证中，采用的可能是同一种论证方式；而在基本论据、论题都相同的论证中，也可以采用几种不同的方式进行论证。在选择论证方式时，首先应力求严谨；在此基础上，再求简捷明了。

三、论证与推理

论证的过程本身就是一个逻辑推理的过程，因此，论证与推理有着密切的联系。论证总要借助于推理来进行；没有推理，论据与论题之间的逻辑联系就无法揭示，论证也就无法实现。论证的各组成部分与推理的各组成部分之间存在着对应关系：论据相当于推理的前提；论证方式相当于推理形式；论题相当于推理的结论。

但是，论证与推理毕竟有所不同，二者之间的主要区别是：

第一，思维进程不同。论证是由未知到已知，表现为先提出论题，再用论据对论题进行论证，从而确定其真实性。推理则是由已知到未知，表现为先有前提，后得结论。

第二，逻辑结构不同。论证的结构往往比推理复杂，除了最简单的论证之外，论证通常是由一系列推理构成的；而且这些推理在形式上可以是各不相同的。

第三，要求不同。论证是根据论据的真实性来确定论题真实性的，因此，除了要求论证方式合乎逻辑之外，还要求断定论题和论据的真实性，论据必须是已知为真的判断。而推理只要求合乎逻辑，并不要求必然断定前提与结论的真实性。这是论证和推理的最根本的区别。

第二节　证明的方式与方法

一、证明的方式

证明的方式指的是证明中运用的推理形式。有演绎证明、归纳证明和类比证明三种。

（一）演绎证明

演绎证明是运用演绎推理的形式，根据一般原理来确认个别性论题为真的证明方式。例如：

> 恒星也是发展变化的。因为宇宙中的一切事物都是发展变化的，而恒星是宇宙中的事物。

这就是一个演绎证明，运用的是三段论推理形式。所有正确的演绎推理形式都可以用来作为演绎证明的方式。

由于演绎推理的逻辑特性是前提蕴涵结论，前提与结论的联系是必然的，所以，演绎证明逻辑严谨、论证性强，对建立科学理论体系具有重要意义。在日常思维中，演绎证明的使用也是最为广泛的。

（二）归纳证明

归纳证明是运用归纳推理的形式，根据一系列个别性、特殊性论断来确认一般性论题为真的证明方式。归纳证明又可分为完全归纳证明和不完全归纳证明两种。

1. 完全归纳证明

完全归纳证明是运用完全归纳推理进行的证明。例如：

> 世界上所有的大洲都有生物。因为，亚洲有生物，欧洲有生物，非洲有生物，大洋洲有生物，美洲有生物，南极洲也有生物。所以，世界上所有的大洲都有生物。

这就是一个完全归纳证明。由于完全归纳推理的前提和结论之间的联系是必然的,所以完全归纳证明也具有逻辑严谨、论证性强的特点。

2. 不完全归纳证明

不完全归纳证明是运用不完全归纳推理进行的证明。例如:

> 自古以来,世界各国人民就互相进行科学技术的引进和交流活动。西方国家通过阿拉伯人引进了中国古代的"四大发明";美洲大陆的开发,日本的明治维新,主要是引进了欧洲的技术;今天许多国家种植的玉米、马铃薯、西红柿,都是美洲最早的居民印第安人培育出来的。

这就是一个不完全归纳证明。由于不完全归纳推理的前提和结论之间的联系是或然的,因此,不完全归纳证明的论证性不如演绎证明和完全归纳证明。一般说来,简单枚举归纳推理不能用于像数学证明这样严格的论证之中。在日常思维中,要提高使用简单枚举归纳推理证明的论证性和说服力,就必须对所选择的论据在数量上和质量上提出较高的要求,即论据应当是充分的、本质的和典型的。如果在证明中所用的是科学归纳推理,在论证过程中经过了严谨的科学分析,正确地判明了现象之间的因果联系,那么,这样的不完全归纳证明也是比较可靠的。

(三) 类比证明

类比证明是运用类比推理的形式,根据某个特殊性论断来确认另一特殊性论断为真的证明方式。例如,前文提及的邹忌讽齐王纳谏,运用的就是类比证明。又如:

> 我国新疆塔里木河两岸地区应该是适宜种植长绒棉的,因为这一地区具有与邻近地区乌兹别克相同的气候特点,即日照长、霜期短、气温高和雨量适度等,而乌兹别克地区是适宜种植长绒棉的。

这就是一个类比证明。由于类比推理的结论是或然的,所以,类比证明不能在论据与论题之间建立必然的逻辑联系；但它比较灵活，如果运用得当，也不失为一种便捷有力的逻辑方法，同样能给人以深刻的启迪。

在日常思维过程中，人们常常把归纳证明、演绎证明和类比证明结合起来运用，以增强证明的论证性和说服力。

二、证明的方法

证明的方法指的是揭示论题与论据之间联系所采用的方法。证明的方法一般可分为直接证明和间接证明两类。

（一）直接证明

直接证明就是根据论据的真实直接确认论题真实的证明。直接证明的特点是从论题出发，为论题的真实提供直接的理由。例如：

> 科学技术现代化是我国社会主义现代化的关键，这是因为：第一，只有科学技术现代化，才能造就我国社会主义现代化所需要的大批的各级各类专门科学技术人才，才能造就亿万掌握现代生产技术的劳动者；第二，只有科学技术现代化，才能用现代科学技术不断装备我国国民经济各部门；第三，只有科学技术现代化，才能用现代科学技术装备我国国防。

这就是一个直接证明，"科学技术现代化是我国社会主义现代化的关键"这个论题的真实，是根据三个真实的论据直接得到确认的。在这个证明中，运用的是必要条件假言推理。

（二）间接证明

间接证明就是通过确认与论题有关的其他判断的假来确认论题真实的证明。间接证明的特点是不直接证明论题，而是通过与论题相关的其他判断作为逻辑中介去间接地论证论题的真实。间接证明主要有反证法与选言证法两种。

1. 反证法

反证法是通过证明与论题相矛盾的判断即反论题的虚假，从而确认论题真实的证明方法。反证法的证明过程可以表示如下：

论题：p
设反论题：非 p
论证反论题假：
如果非 p，那么 q
非 q
─────────────
所以，并非"非 p"
根据排中律，非 p 假，所以，p 真

例如：

声音和词所表示的事物之间并没有什么必然的联系，并非某一个声音必然表示某一个对象。声音和事物的结合假如有什么必然联系，世界上所有的语言中表示同一事物的词的声音就应当是相同的了。既然世界上表示同一事物的词的声音各有不同，可见语言的声音和它所表示的事物之间是没有必然联系的。

这个证明运用的就是反证法。在这个证明中，"声音和词所表示的事物之间并没有什么必然的联系"是待证的论题，"声音和事物的结合有必然联系"是与论题相矛盾的判断（反论题）。假定反论题为真，并以此为前件进行推导，则得出后件"世界上所有的语言中表示同一事物的词的声音就应该是相同的"，构成充分条件假言判断。根据"世界上表示同一事物的词的声音各有不同"这一已知事实，可以确定上述后件为假。再按充分条件假言推理否定后件式的规则确认前件（即反论题）为假。既然与论题相矛盾的反论题为假，根据排中律，则论题必为真。这样，论题就得到了证明。

反证法逻辑严谨、论证简捷，有很强的说服力。反证法的应用范围很广，尤其是当某些论题难以直接证明时，就常常使用反证法。

运用反证法需要注意两点：

第一，所设的反论题与论题必须是矛盾关系，而不能是反对关系。因为反对关系的判断可以同假，不能由一个判断的假必然推出另一个判断的真。这一要求体现了排中律的逻辑特性。

第二，运用反证法的关键在于确定反论题为假，而要做到这一点，以反论题为前件推出的后件必须是虚假的，这样才能根据充分条件假言推理的规则确定反论题为假。

2. 选言证法

选言证法是通过先论证与论题有关的其他可能性论断都不能成立，然后确认论题为真的证明方法。选言证法的证明过程可以表示如下：

论题：p

设几种可能情况：p 或 q 或 r

论证非 q 且非 r

推知论题真：所以，p

例如：

自1924年开始的中国革命战争，已经过去了两个阶段，即1924年至1927年的阶段和1927年至1936年的阶段；今后则是抗日民族革命战争阶段。这三个阶段的革命战争，都是中国无产阶级及其政党中国共产党所领导的。中国革命战争的主要敌人，是帝国主义和封建势力。中国资产阶级虽然在某种历史时机可以参加革命战争，然而由于它的自私自利性和政治上经济上的缺乏独立性，不愿意也不能领导中国革命战争走上彻底胜利的道路。中国农民群众和城市小资产阶级群众，是愿意积极地参加革命战争,并愿意使战争得到彻底胜利的。他们是革命战争的主力军;然而他们的小生产特点,使他们的政治眼光受到限制(一部分失业群众则具有无政府思想),所以他们不能成为战争的正确的领导者。因此,在无产阶级已经走上政治舞台的时代,中国革命战争的领导责任,就不得不落到中国共产党的肩上。(毛泽东《中国革命战争的战略问题》)

这个证明运用的就是选言证法。这里要证明的论题是"中国革命战争只能由中国无产阶级及其政党中国共产党领导",中国革命战争由哪个阶级来领导,不外乎三种可能,即或者由无产阶级及其政党中国共产党领导,或者由资产阶级来领导,或者由农民和城市小资产阶级来领导,这就构成了一个具有三个选言支的选言判断。接下来,先证明资产阶级不能领导中国革命战争取得彻底胜利;再证明农民和城市小资产阶级也不能;然后根据选言推理否定肯定式的规则确认论题必然为真。

如上所述,选言证法是在几个可能性论断中,排除掉除论题之外的所有相关论断,从而确认剩下的唯一可能论断(即论题)的正确性,所以,这种证明方法又叫排除法。

运用选言证法必须注意如下两点:

第一,证明过程中所设立的选言前提必须穷尽包括论题在内的一切可能。

第二,证明过程中所使用的选言推理形式必须是否定肯定式,而且必须将除论题以外的其他各种情况都加以否定,否则不能必然地确定论题为真。

在实际论证中,人们常常把直接证明和间接证明结合起来运用,以增强论证性和说服力。

第三节　反驳的途径、方式与方法

一、反驳的途径

反驳的途径有反驳论题、反驳论据和反驳论证方式三种。

1. 反驳论题

反驳论题就是确定对方论题虚假。例如：

> 认为美国不存在侵犯人权的问题，这是不符合实际的。在美国存在种族歧视是任何人都否认不了的事实。而种族歧视说到底是个人权问题。四名白人警察痛打一黑人，这不是明目张胆地侵犯人权又是什么？黑人罗德尼·金被警察毒打了66下，连还手自卫的权力都没有，还谈什么人权？而一贯高唱保护人权的美国的司法机构，竟然对毒打黑人的四名白人警察作出无罪判决，难道保护种族歧视就是保护人权？

这段议论就是针对论题进行的反驳。论证者引用确凿无疑的事实，证明了被驳论题"美国不存在侵犯人权的问题"的虚假。

反驳论题是反驳的主要途径，因为反驳的最终目标就是证明对方论题虚假，同时，驳倒对方论题，也是对对方论证的最有力的破斥。

2. 反驳论据

反驳论据就是确定对方论据虚假。例如：

> 1939年9月1日，德国突然向全世界宣布：因受到波兰的军事攻击，德国被迫全面还击。第二次世界大战终于全面爆发。德国指责波兰挑起了战争，可事实上，挑起战争的并不是波兰，而恰恰是德国。一群德军士兵身穿波兰军服，冒充波兰军队，向德国靠近波兰的格雷威

茨市电台发起突然"进攻"。在毫无抵抗的情况下,这支假冒的"波兰军队"很快占领了电台,并用波兰语广播了向德国"挑战"的声明。这纯粹是纳粹德国自编自演的一出贼喊捉贼的闹剧,其目的是借此推卸挑起战争的责任。

这段论述就是反驳论据。论证者以揭露事实真相的方法证明德方的论据是虚假的;因此,其论题"波兰挑起了战争"是站不住脚的。

反驳论据是反驳的重要途径,因为论题的真实是由真实的论据推导出来的,如果证明了对方的论据是虚假的,那么对方的论题也就失去了支持。但是,驳倒了对方的论据并不等于驳倒了对方的论题,因为有时对方论据为假而论题却是真的;驳倒了论据只是证明了对方的论证不能成立,论题的真实性是可疑的。

3. 反驳论证方式

反驳论证方式就是指出从对方的论据不能逻辑地推出论题。例如:

"偶数能被2整除,7不是偶数,所以,7不能被2整除。"这不是一个正确的论证,因为它违反了三段论的推理规则,犯了"大项扩大"的逻辑错误。

这段议论就是反驳论证方式。指出对方的论证所运用的推理形式违反了逻辑规则,说明对方的论据和论题之间没有必然的逻辑联系,论证不能成立。

必须指出,驳倒了对方的论证方式并不等于驳倒了对方的论题和论据。因为,论证方式错误并不意味着论题和论据必假,如上例,尽管论证方式不合逻辑,但论题与论据却都是真的。

在日常思维中,反驳论题、反驳论据和反驳论证方式三者可以配合起来进行,使反驳更加有力。

二、反驳的方式

根据在反驳中所运用的推理形式的不同,反驳的方式可以分为演绎反驳、归纳反驳和类比反驳三种。

1. 演绎反驳

演绎反驳就是运用演绎推理形式进行的反驳。例如:

> "所有动物的血都是红的"是错误的。因为,蜘蛛是动物,但蜘蛛的血就不是红的。这说明有的动物的血不是红的。

在这个论证中,运用的就是演绎反驳。反驳中先后运用三段论和对当关系推理,证明了"并非所有动物的血都是红的"。

2. 归纳反驳

归纳反驳就是运用归纳推理形式进行的反驳。例如:

> 革命的发生是由于人口太多的缘故么?古今中外有过很多的革命,都是由于人口太多么?中国几千年以来的很多次的革命,也是由于人口太多么?美国174年以前的反英革命,也是由于人口太多么?艾奇逊的历史知识等于零,他连美国独立宣言也没有读过。华盛顿杰斐逊们之所以举行反英革命,是因为英国人压迫和剥削美国人,而不是什么美国人口过剩。中国人民历次推翻自己的封建朝廷,是因为这些封建朝廷压迫和剥削人民,而不是什么人口过剩。俄国人所以举行二月革命和十月革命,是因为俄皇和俄国资产阶级的压迫和剥削,而不是什么人口过剩,俄国至今还是土地多过人口很远的。蒙古土地那么广大,人口那么稀少,照艾奇逊的道理是不能设想会发生革命的,但是却早已发生了。(毛泽东《唯心历史观的破产》)

这段论述就是归纳反驳。反驳过程中,运用了不完全归纳推理,证明被反驳的论题"革命的发生是由于人口太多的缘故"是虚假的。

与归纳证明有所不同,归纳反驳不存在论证是否充分的问题,即使是运用不完全归纳推理,归纳反驳也是充分的、有力的。

3. 类比反驳

类比反驳就是运用类比推理形式进行的反驳。例如:

"吃补品多多益善"的说法是错误的。人吃补品与庄稼施肥相类似;庄稼施肥过了量反而会减产,人吃补品过量也会适得其反,影响健康。

这就是一个类比反驳。类比反驳虽然论证性稍弱,但是它具有较强的启发性,因而有助于人们理解和接受那些抽象难懂的道理。

三、反驳的方法

反驳的方法可分为直接反驳和间接反驳两类。

1. 直接反驳

直接反驳就是运用已知为真的判断或事实,来直接确定被反驳的判断的虚假。直接反驳又有两种类型。第一种类型是,直接列举事实或引用已知为真的判断来否定对方的论断。这种反驳的思维过程可以表示如下:

被反驳的判断:p

用来反驳的论据:非 p

所以,p 假

例如:

有人认为,智力早熟就会造成早亡。然而事实并非如此。我们知道:6 岁能作诗、9 岁通声律的唐代大诗人白居易活了 74 岁;控制论的创始人诺伯特·维纳 10 岁入大学,14 岁毕业于哈佛大学,活了 70 岁;德国诗人歌德 8 岁能用德、意、法、拉丁、希腊等语言进行读写,他活了 83 岁;……可见并非智力早熟就会造成早亡。

这段论述就是直接反驳,即用事实直接证明对方论题的虚假。

直接反驳的另一种类型是归谬法。

归谬法就是从对方的论断中引申出荒谬的判断或逻辑矛盾,从而证明对方论断的虚假。归谬法的逻辑步骤可以表示如下:

被反驳的判断:p

从 p 引申出荒谬的判断:如果 p,那么 q

否定荒谬的判断:非 q

确定被反驳的判断假:所以,非 p

例如:

倘若说,作品愈高,知音愈少。那么,推论起来,谁也不懂的东西,就是世界上的绝作了。(鲁迅《集外集·文艺的大众化》)

这个反驳用的就是归谬法。反驳的过程是,先假定被反驳论题"作品愈高知音愈少"为真,然后以此为前件引申出一个荒谬的判断作为后件:"谁也不懂的东西就是世界上的绝作了",构成充分条件假言判断,由于其后件显而易见是荒谬的,所以,根据充分条件假言推理否定后件式的规则,可以确定被反驳论题为假。

归谬法能把被反驳的判断中所隐含的谬误鲜明地揭示出来,所以它是一种有力的直接反驳方法。

2. 间接反驳

间接反驳就是通过证明与被反驳判断具有矛盾关系或反对关系的判断为真实,然后根据矛盾律确定被反驳判断为假。间接反驳的思维过程可以表示如下:

被反驳的判断:p

设矛盾(或反对)判断:非 p

证明非 p 真

根据矛盾律,非 p 真,所以,p 假

例如:

> 有人认为"语言是上层建筑",这是不对的。因为凡是上层建筑都是由一定的经济基础决定的,并且随着经济基础的变革而变革,而语言是一种约定俗成的社会现象,它的发展和变革不是由经济基础决定的。所以,语言不是上层建筑。

这段议论就是间接反驳。反驳的过程是先证明与被反驳的论题"语言是上层建筑"相矛盾的判断"语言不是上层建筑"为真,然后根据矛盾律间接地确定被反驳论题为假。

间接反驳的重点是证明与被反驳判断相矛盾(或反对)的判断为真,直到最后一个步骤才与被反驳判断建立起否定性联系,所以,这种方法也叫独立证明法。

第四节 论证的规则

论证应当严谨、有说服力,这就必须遵守论证的规则。遵守论证的规则是正确进行论证的必要条件。论证的规则在论题、论据和论证方式三个方面有着严格的要求。

一、关于论题的规则

规则1. 论题必须明确。

论证的根本目的是要确定论题的真实性,因此,论题是论证的中心。只有论题明确,才能有的放矢地进行有效的论证。

论题明确,指的是论题所包含的思想是清楚的、确切的。由于论题的形式是判断,而判断又是由概念构成的。所以,为使论题清楚和确切,必要时应当对论题中的核心概念加以定义或扼要说明,以明确其内涵和外延。

例如,1993年在新加坡举行的国际大专辩论赛决赛中,反方复旦大学队的辩题是"人性本恶"。辩论一开始,复旦大学队就给辩题中的关键概念"恶"下定义："恶是人的本能和欲望无节制的扩展。""恶"的内涵界定了，辩题的含义也就明确了，整个论证的重心、思路和策略也就随之清晰、明朗，从而使复旦大学队在证明本方论题和反驳对方论题（"人性本善"）的过程中，处于主动和有利的地位。

如果论题不明确，或者有歧义，那么论证将是无效的，或者是无意义的。这样的逻辑错误，叫"论题不明"。

规则2. 论题必须保持同一。

在一个论证过程中，只能有一个论题，并且要前后一致地按论题已确定的意义去论证，不可有意或无意地将其改变。违反这一规定造成的逻辑错误，叫"偷换论题"。

例如："学习雷锋，为人民做奉献，应当做到坚持不懈。因为，我们现在进行的是社会主义的改革开放，搞的商品经济也是社会主义的商品经济，这就决定了在改革开放过程中必须坚持四项基本原则，因而也就决定了雷锋精神有着重要的地位和作用。所以，雷锋精神没有也不会过时。"这段话提出的论题是"学习雷锋应当做到坚持不懈"，可是论证的却是另一个论题，即"雷锋精神没有也不会过时"。这就犯了"偷换论题"的错误。

常见的偷换论题的错误是"证明过多"和"证明过少"。

证明过多是指实际论证的论题比原定论题断定得多。例如，本来要论证的论题是"有重大科技发明的人并不都是天生聪明的"，但实际论证的却是"有重大科技发明的人都不是天生聪明的"这一论题。这样的论证就是证明过多，因为实际论证的论题断定的范围比原定论题宽。

证明过少是指实际论证的论题比原定论题断定得少。例如，有人论证："外星人是存在的。因为在外国一家古生物博物馆中，陈列着一具4万年前的野牛颅骨，其额上有一些类似枪伤的痕迹。研究表明，这些呈圆洞状的痕迹是该动物生前被束状高压气体冲击而成。可是，当时地球上的人类是不可能掌握这种技术的，因此，野牛颅骨上的圆洞状痕迹有可能是外星人造成的。可见，外星人是可能存在的。"这就是一个证明过少的论证，因为被偷换的论题"外星人是可能存在的"所断定的内容比原定论题"外星人是存在的"要少。

偷换论题也叫"转移论题"，是违反同一律的表现。

二、关于论据的规则

规则1. 论据必须是已知为真的判断。

论据是论题赖以成立的支柱，是确定论题真实性的理由和根据。倘若论据不真实，就不能达到论证论题真实性的目的。因此，论据必须是已知为真的判断。这就是说，在论证中，不仅不能用虚假的判断来充当论据，而且也不能用真实性尚未被证实的判断充当论据；否则，就要犯"虚假理由"或"预期理由"的逻辑错误。

"虚假理由"是指用虚假的判断作论据。例如，在《狼和小羊》中，狼要吃小羊，于是找出了两条理由，一是小羊把水弄脏了，二是小羊在半年前说过它的坏话。可怜的小羊反驳道：你在上游，我在下游，怎么会弄脏你的水？半年前我还没有出生，又怎么会说你的坏话？可见，狼的两条理由都是虚假的。

"预期理由"是指用尚未被确认为真的判断作论据。例如，有人认为："地球上出现的不明飞行物，肯定是外星球的宇宙人发射的。因为现代科学告诉我们，外星球可能存在着比地球人更高级的宇宙人。他们向地球发射宇宙飞行物是很自然的事。"这段论证中的论据"外星球存在着比地球人更高级的宇宙人"的真实性尚未被证实，用它作为论据是不能给论题以可靠支持的，因而其论证是无效的。

规则2. 论据的真实性不应当依赖论题的真实性来证明。

在论证中，论题的真实性是依靠论据来论证的。假如论据的真实性又要依靠论题来证明，那么，论题与论据就互为论据，就无法进行有效和有意义的论证。这样的逻辑错误，叫"循环论证"。

例如，欧洲中世纪时有人认为"宇宙是有限的"。他们是这样论证的：宇宙是有限的，因为宇宙围绕地球这个中心运行，而宇宙之所以以地球为中心运行，是由于宇宙是有限的；如果宇宙不是有限而是无限的，那么为什么宇宙居然能在一昼夜间围绕自己的中心运行一周呢？——在这个论证中，论题是"宇宙是有限的"，论据是"宇宙围绕地球这个中心运行"；而断定"宇宙围绕地球这个中心运行"的理由又是"宇宙是有限的"……，如此循环论证，结果什么也证明不了。

如果循环论证的逻辑错误以"同语反复"的形式表现出来，则称之为"窃取论题"。窃取论题是指用来作为论据的判断，实际上是论题的同义语。例如，欧洲中世纪一位经院哲学家说："铁之所以能压延，是因为铁有能压延的本性。"这个论证犯的就是窃取论题的错误。

三、关于论证方式的规则

关于论证方式的规则是：从论据应能推出论题。

论证方式是联结论题与论据的逻辑纽带，只有合乎逻辑的论证方式，才能保证从论据的真实性推出论题的真实性。从论据应能推出论题，就是要求论据不仅必须是已知为真，而且与论题之间要有必然的联系，是论题的充足理由。违反了这一条规则，就要犯"推不出"的逻辑错误。

"推不出"的逻辑错误可以分两类：一类是形式的，一类是非形式的。

形式的"推不出"错误是指在论证过程中违反了有关推理规

则。例如，有人这样进行论证："心理学是社会科学，因为心理学是研究心理现象的，而心理现象是一种社会现象，所以心理学是研究社会现象的；而社会科学是研究社会现象的。"在这个论证中，运用了三段论推理形式："社会科学是研究社会现象的，心理学是研究社会现象的，所以，心理学是社会科学。"由于这个三段论的中项"研究社会现象的"两次都不周延，违反了推理规则，所以，不能必然地推出结论。这就是形式的"推不出"错误。

非形式的"推不出"错误的主要表现有下面几种情形：

1. 论据与论题不相干

这种错误是指论据虽然是真实的，但与论题的真实性没有关系，从论据的真实性并不能推出论题的真实性。例如，毛泽东同志在《论联合政府》一文中驳斥国民党反动派的污蔑时指出："国民党人却说：'共产党破坏抗战，危害国家。'惟一的证据，就是共产党联合了各界人民创造了英勇抗日的中国解放区。这些国民党人的逻辑，和中国人民的逻辑是这样的不相同，无怪乎很多问题都讲不通了。"在这个反驳中，毛泽东同志尖锐地指出国民党反动派的论证不合逻辑，即论据与论题之间没有联系，犯了"论据与论题不相干"的逻辑错误。这种错误也叫"不成理由"。

2. 论据不足

这种错误通常表现为，论据虽然是真实的，而且论据与论题之间也有一定的联系，可是论据的真实性还不足以推出论题的真实性。换言之，论据对论题来说虽是必要的，但不是充分的。例如，毛泽东同志在《论持久战》中谈到如何驳斥亡国论时说："亡国论者看到敌我强弱对比的一个因素，从前就说'抗战必亡'，现在又说'再战必亡'。如果我们仅仅说，敌人虽强，但是小国，中国虽弱，但是大国，是不足以折服他们的。他们可以搬出元朝灭宋、清朝灭明的历史证据，证明小而强的国家能够灭亡大而弱的国家，而且是落后的灭亡进步的。如果我们说，这是古代，不足为据，他们又可以搬出英灭印度的事实，证明小而强的资本主义国家能够灭亡大而弱的落后国家。所以还必须提出其他的根据，才能把一切亡国论者的口封住，使他们心服，而使一切从事宣传工作的人们得到充足的论据去说服还不明白和还不坚定的人们，巩固其抗战的信心。"在这段论述中，毛泽东同志提醒和告诫从事理论和宣传工作的同志，要避免犯论据不足的错误，必须以充分的理由、充足的论据去论证和宣传抗战必胜的主张，说服和鼓舞人们坚定不移地抗击侵略者，夺取最后的胜利。从这段话中可以看出论据充足和全面的重要性。

3. 以相对为绝对

这种错误是指在进行论证的时候，把在一定条件下真实的判断当作是在任何条件下都真实的判断，并以之作为论据。例如，鲁迅《且介亭杂文末编·半夏小集》中有这样一段对话：

A：B，我们当你是一个可靠的好人，所以几种关于革命的事情，都没有瞒了你。你怎么竟向敌人告密去了？

B：岂有此理！怎么是告密！我说出来，是因为他们问我呀。

A：你不能推说不知道吗？

B：什么话！我一生没有说过谎，我不是这种靠不住的人！

从逻辑的角度看，B以"我一生没有说过谎"来证明他向敌人告密是应该的，犯的就是"以相对为绝对"的逻辑错误。因为"不说谎"只是在一般正常情况下的行为准则，如果在特殊的、例外的场合也照搬不变，那么，不是幼稚无知，就是别有用心。"以相对为绝对"又叫"特例谬误"。

4. 以人为据

这种错误是指确定论题的真实性既不根据严密的逻辑论证，也不根据事实情况如何，而是仅以提出论题的人的身份、地位等情况作为依据:要肯定某个论题,就说这个论题是某某名人或权威提出来的;要否定某个论题,就说提出这个论题的人有什么不良背景或犯过什么错误等等。

例如,意大利科学家伽利略在《关于托勒密和哥白尼的两大世界体系的对话》一书中讲述了一个故事:某位经院哲学家硬是不相信人的神经在大脑中会合这一科学结论,人们就让他通过观看人体解剖实验去认识这一事实。可是他却说:"您这样清楚明白地使我看到了这一切,假如在亚里士多德的著作里没有与此相反的说法,即神经是从心脏中产生出来的,那我一定会承认这是真理了。"无视明白无误的事实,仍以权威的错误言论为永恒的真理,这个经院哲学家所犯的就是"以人为据"的逻辑错误。

5. 轻率概括

这种错误指的是,在运用不完全归纳推理进行论证时,片面地以若干现象为论据,不管其是否具有代表性和典型性,就据以得出全面性的结论。例如,"古代著名诗人都爱种柳,他们不但写下许多咏柳佳作,而且本人都亲手植柳。陶渊明以'五柳'为号说明了他对柳的喜爱。欧阳修也是植柳能手,在扬州蜀冈大明寺平山堂前,'欧阳文忠植柳一株,谓之欧公柳'。白居易放外时也曾不止一次种过柳:'曾栽杨柳江南岸,一别江南两度春,遥忆青青江岸上,不知攀折是何人?'柳宗元用诗记载了他在柳州任刺史的种柳之事:'柳州柳刺史,种柳柳江边,谈笑为故事,推移成昔年。'"这段论述就犯有"轻率概括"的错误。因为,虽然陶渊明、欧阳修、白居易和柳宗元都是著名诗人,都爱种柳,但仍不能据此几例便推出"古代著名诗人都爱种柳"这一全称论断。

轻率概括又叫"以偏概全",或"非典型例证"。

练 习 题

一、分析下列证明，指出论题、论据，说明所运用的论证方式与方法。

1. 语言是人类最重要的交际工具，要想充分发挥它的作用，就要求使用者共同遵守一个标准。如果没有一个共同标准，也就是说，如果不用这样一个标准来约束大家，那么，你讲的我听不懂，我讲的你听不懂，这样，交流思想的任务也就不能完成。所以，为了交流思想，这种"约束"是不能不要的。

2. 我国的花卉种类之多可居世界之冠。单说世界有名的杜鹃花、报春花和龙胆花吧，全世界共约有 800 种杜鹃花，其中有 650 多种生长在中国；全世界的报春花共约 450 多种，我国占了 390 多种；全世界的龙胆花共约 400 种，我国就占了 230 种。

3. 人的正确思想是从哪里来的？是从天上掉下来的吗？不是。是自己头脑里固有的吗？也不是。人的正确思想是客观事物及其规律在人脑中的反映，不可能是凭空从天上掉下来的，也不可能是大脑里本来就有的。人的正确思想，只能从社会实践中来，只能从社会的生产斗争、阶级斗争和科学实验这三项实践中来。

4. 一个民族谋求文化的发展，必须具有坚定的民族自信心。如果一个民族丧失了自信心，全盘否定自己的文化传统，只知匍匐于外国文化的影响下，甘心接受人家的"同化"，这势必丧失民族文化的独立性；而丧失了文化的独立性，也将丧失民族的独立性。哪一个真正的中国人愿意丧失掉自己民族的独立性呢？

二、分析下列反驳的逻辑结构，指出被反驳的论题、用来反驳的论据和反驳的途径、方式与方法。

1. 有过于江上者，见人方引婴儿投之江中，婴儿啼，有人问其故，曰："此其父善游。"其父虽善游，其子岂遽善游哉。以此任物亦必悖矣。

2. 有人说，自然科学本身是有阶级性的。这是不正确的。自然科学研究的是自然界，它的理论、观点、学说、定理以及一切法则，都是自然界运动规律和本质联系的反映，因此，就自然科学的本身来说，是没有阶级性的。如果自然科学本身就有阶级性的话,那么无产阶级和资产阶级关于使用电灯的原理技术就应该截然不同,祖冲之和奥托对于圆周率数值的计算就应该完全两样,显然,这是极其荒谬的。

3. 唐朝诗人李贺考进士,有人认为:李贺的父亲名晋肃,为避父讳,不应准许他考进士。韩愈为他鸣不平:"父名晋肃,子不得举进士;若父名仁,子不得为人乎?"

三、指出下列论证有何逻辑错误。

1. 逻辑是有阶级性的,因为,第一,逻辑学属于哲学的范畴,而哲学是有阶级性的;第二,逻辑学作为一种社会意识形态,它是上层建筑,而上层建筑是有阶级性的。

2. 地球是球体可以从这样的事实得到证明,我们站在高处看海中帆船驶来,总是先见桅杆后见船身。之所以这样,就因为地球是球体。而且,如果地球不是球体,为什么叫做地球呢?

3. 在昆曲《十五贯》中,无锡知县过于执断定苏戌娟是杀父凶手,他的理由是:"看你艳如桃花,岂能无人勾结?年正青春,怎能冷若冰霜?你与奸夫情投意合,自然要生比翼双飞之意。父亲阻拦,因之杀其父而盗其财,此乃人之常情。"

4. 深化科技体制改革是我们的一项重要任务。从科技的总体水平来看,我们和发达国家之间是有差距的,我们要迎头赶上,就要保证一定的物质条件。这些年来,由于国家的支持,建设了一批国家重点科技工程项目和国家重点实验室,但是从全国来看,大量的实验设备需要更新改造,目前处于吃老本的状况,进行科学实验有很大的困难。因此,今后国家用于科技研究与发展的财力应适当增加。

四、完成下列论证。

1. 用选言证法论证:结论为 A 判断的三段论有效式只能具有第一格的形式。

2. 用反证法论证:写文章要有一个明确的主题。

3. 用归谬法反驳:一切判断都是真的。

后 记

普通逻辑是江苏省五年制师范文科专业的必修课程，教学总课时为 48 课时。

本课程目标是向学生传授较为系统的普通逻辑基础知识，并指导学生进行逻辑基本训练，提高他们的逻辑思维能力和语言表达能力，以利于今后的学习和教学工作。

本书内容主要讲授传统形式逻辑关于概念、判断、推理、假说、论证以及逻辑思维基本规律的知识，对概念、判断、推理、论证在实际运用与表达中的一些逻辑问题，也作了必要的论述。

本书力求简明扼要，讲究实用，注意理论联系实际。每章后面均有练习题，配合各章内容进行逻辑思维训练。教学中，要帮助学生在理解的基础上掌握逻辑知识，防止死记硬背；要重视练习，注意培养学生运用逻辑知识分析与解决实际问题的能力。

本书由南京师范大学俞瑾主编。各章的执笔人如下：第一章和第七章由俞瑾执笔；第二、三、四章和第八章由江苏教育学院李冬生执笔；第五、六章由淮阴师范学院刘海宁执笔；第九、十、十一章由南通师范学校陈艺鸣执笔。

由于作者水平有限，加之时间仓促，本书可能存在某些错误与疏漏，敬请广大读者批评指正，尤其希望使用本书的师生多提宝贵意见。

编 者

1999 年 6 月